에코어스

에코어스 ECO US

에코 투어리즘 가이드를 위한 가이드북

양지은 지음

좋은땅

머리말

안녕하세요, 에코 투어리즘 가이드를 위한 가이드북 《에코어스》 작가 양지은입니다.

이 가이드북은 에코 투어리즘 가이드를 위한 교재입니다. 이 교재는 지속 가능한 관광을 통해 미래 세대에게 더 나은 환경을 남기는 데 도움을 주기 위해 만들어졌습니다.

환경 보호와 문화 유산의 중요성이 갈수록 부각되는 시대에 자연과 인류의 조화로운 공존을 지향하는 에코 투어리즘에 관심을 가지고 계신 여러분을 위한 가이드북을 만들게 되어 기쁩니다. 이 가이드북은 자연의 아름다움을 유지하면서도 지속 가능한 관광을 통해 지역 사회에 긍정적인 영향을 미치는 방법을 안내합니다.

이 가이드북은 에코 투어리즘의 원칙을 바탕으로 가이드를 위한 지침을 제시하여 윤리적인 여행 문화를 만드는 데 도움을 드립니다.

이 교재가 여러분들의 여행을 더욱 의미 있게 만들 수 있기를 진심으로 바랍니다.

감사합니다.

Without Wax

시작
가이드북 탄생 이야기

에코어스 가이드북은 독자에게 에코 투어리즘 관련 정보와 가이드라인을 제공하여 관광 가이드와 여행객에게 에코 투어리즘에 대한 인식을 높이고자 제작되었습니다.

이 가이드북은 에코 투어리즘 관광 가이드를 위한 것으로, 자연 환경을 보호하면서 여행객들에게 감동을 선사하는 여행 경험을 제공하기 위한 목적으로 만들어졌습니다.

이 교재는 우리나라를 중심으로 하여 지속 가능한 관광에 중점을 두며 에코 투어리즘의 이해, 생태관광지역, 관광자원 해설의 이해, 에코 투어리즘 사례 연구 등을 포함하여 여행객들이 아름다운 자연을 여행하면서 환경과 지역 사회에 긍정적인 영향력을 미칠 수 있는 발판으로 활용될 것입니다.

과업목적

지속가능성 증진   관광가이드 교육   여행정보 제공

목차

3장 관광자원 해설의 이해

4장 관광자원의 이해

7장 세대별 관광 트렌드

1장

에코 투어리즘의 시작

지속 가능한 관광, 에코 투어리즘(Eco Tourism, 생태관광)
지속 가능한 관광은 책임 관광, 생태관광, 윤리적 관광 등 관광 산업
의 문제를 극복하기 위한 노력을 통칭한 것으로 관광지의 사회, 경
제, 환경적 측면에 지속 가능한 구조와 방식을 도입하여 지역 경제
활성화, 고유 문화 보존, 환경 개선을 실현하는 관광을 말한다.

1) 에코 투어리즘의 이해

에코 투어리즘(Eco Tourism, 생태관광)은 자연을 사랑하고 지구 환경을 존중하면서 여행하는 새로운 방식으로 여행객들이 지속 가능한 여행지를 찾고, 지역 문화와 자연 생태계를 보존하면서 현지 공동체에 긍정적인 영향을 미치기 위해 노력하는 것을 의미한다. 에코 투어리즘은 양심적인 여행객들과 아름다운 자연을 함께 공유하며 지구를 지키기 위한 역할을 이해하고 실천하는 중요한 여행 철학이다.

생태학(Ecology)과 관광(Tourism)의 합성어인 에코 투어리즘은 환경 보전과 지역 주민의 복지 향상을 고려하여 자연 지역으로 떠나는 책임 있는 여행으로 개발되지 않은 상태의 아름다운 자연 경관을 즐기는 '자연 관광'이나, 지역 사회가 관광으로부터 정당한 이익을 얻도록 하는 '공정 여행'에서 한걸음 더 나아간 개념이다. 에코 투어리즘은 지역의 환경 보전에 기여하고 지역 주민의 삶의 질을 개선하며, 생태 교육과 해설을 통해 참여자가 환경에 대한 소중함을 깨닫게 한다. 다른 말로는 '생태관광', '환경 관광'이라고 불리기도 한다.

∨ 에코 투어리즘의 선순환

2) 에코 투어리즘의 역사

에코 투어리즘은 제2차 세계 대전이 끝난 후 프랑스에서 처음으로 시작되었다. 세계 대전 이후 관광 산업이 경제적 이익의 수단으로 인식되면서 전 세계적으로 이익을 우선으로 하는 관광 개발이 계속되었고, 이로 인해 자연 파괴가 늘어나자 1960년대부터 북아메리카를 중심으로 환경에 미치는 영향을 최소화하자는 운동의 일환으로 에코 투어리즘이 등장했다.

근현대화 사회 이전의 관광은 대부분 귀족이나 부유층의 전유물이었지만 민주주의와 시장경제가 지배하는 현대사회로 접어들면서 관광의 형태는 대중 관광(일반 시민들이 다양한 형태와 방식으로 즐기는 관광)으로 발전하였고 관광 산업의 비중 역시 상당히 높아졌다. 하지만 대중 관광은 자연 환경의 파괴, 문화 유적과 지역 사회 전통의 훼손, 관광지 지역 주민의 경제적인 박탈감, 대규모 관광 산업으로 인한 에너지와 자원의 낭비라는 문제점을 드러냈다.

이로 인해 관광의 사회적 목적과 경제적 목적이 환경적 목표와 조화를

이루어야 한다는 의견이 등장했다. 현재는 관광 산업과 지역 사회, 정부, 그리고 환경 단체들이 서로 견제하고 보완하며 에코 투어리즘을 발전시키고 있다. 에코 투어리즘은 2000년대 이후부터 새로운 관광 형태로 세계적인 주목으로 받기 시작하여 선진국들은 에코 투어리즘을 환경 보전과 지역 경제 활성화를 위한 국가 주요 전략으로 채택하였다.

1980년대부터 생태계 보전과 지역 사회 발전에 기여할 수 있는 방안으로 국제적인 관심을 받기 시작한 에코 투어리즘은 이미 세계 여행 시장의 상당 부분을 차지하며 빠르게 성장하고 있다. 호주의 경우 1994년에 이미 에코 투어리즘을 국가 전략으로 수립하여 연간 10억 달러 규모의 산업으로 성장시켰고 유엔(UN)은 2002년 세계 생태관광의 해를 지정하면서 국제 사회의 관심을 받았다. 일본은 2007년 에코 투어리즘 추진법을 제정하여 생태관광 활성화를 위한 법적 기반을 마련하였다.

∨ 2002 세계 생태관광의 해

유엔(UN)은 자연 생태계의 보전과 지역 사회 발전에 기여하는 에코 투어리즘의 중요성을 알리기 위해 2002년을 '세계 생태관광의 해'로 지정하고 각국 정부와 관련 단체들이 국제적, 지역적, 국가적 차원에서 생태관광 활동을 수행하도록 권고하였다.

우리나라는 2008년부터 환경부를 중심으로 생태계 보전, 지역 경제 활성화, 국민 삶의 질 향상을 목표로 에코 투어리즘을 추진하고 있다. 이를 위해 환경부는 환경적으로 보전 가치가 있는 지역을 발굴하고 국민들을 위한 다채로운 생태관광 프로그램을 개발하여 보급하고 있다. 또한, 에코 투어리즘을 위한 기반 시설을 확충하고 인지도를 높이기 위해 교육과 홍보 활동을 적극적으로 수행하며 관련 정부부처와 학계 전문가들을 중심으로 에코 투어리즘의 올바른 의미를 전달하고 우리나라 실정에 맞는 생태관광의 계획, 관리를 위해 노력하고 있다.

3) 에코 투어리즘을 위한 우리들의 약속

(1) 자연을 사랑하고 아끼는 마음으로 여행을 준비하기

도심지를 벗어나 평소와는 다른 불편함을 느낄 수 있으므로 미리 충분히 조사하기.

(2) 지역 특산물과 주민이 운영하는 숙박, 식사 활용하기

그곳의 자연을 가장 잘 이해하고 사랑하는 사람들에게 수익이 돌아가도록 하기.

(3) 투명한 발걸음과 손길만 남기기

자연과 시설물을 깨끗하게, 쓰레기를 버리거나 시설물에 낙서하는 행동을 삼가기.

(4) 큰 소리 내지 말기

생물들이 터전을 떠나지 않도록 자연에서는 떠들거나 크게 소리치지 말기.

(5) 애완동물은 되도록 데려오지 않기

생태계 교란을 방지하기 위해 자연 관광지에서는 애완동물 출입 금지하기.

⑹ 느린 발걸음의 여유를 즐기기

공식 탐방로를 따라 튼튼한 두 발로 자연이 주는 여유로움을 만끽하기.

∨ 에코 투어리즘을 위한 팁

① 한곳에 오래 머무르기.

② 기차나 버스, 배, 자전거로 이동하기.

③ 현지인이 경영하는 식당이나 유기농 음식 재료 식당에서 식사하기.

④ 지역에서 만들어지는 특산물이나 연료를 최소화한 물건 구매하기.

⑤ 종이로 된 관광 안내서 대신 필요한 정보를 전자기기에 넣어 다니기.

4) 에코 투어리즘의 기본, 플로깅

(1) 플로깅의 이해

플로깅(plogging)은 이삭을 줍는다(plocka upp)는 뜻의 스웨덴어와 영어 조깅(jogging)의 합성어로 산책이나 조깅 등 운동을 하며 쓰레기를 줍는 전 세계적인 환경 운동이다. 플로깅은 조깅하면서 쓰레기를 줍는 활동으로 2016년 스웨덴에서 처음 시작하여 북유럽을 중심으로 확산되다가 현재는 국내를 비롯하여 전 세계적인 운동 트렌드가 되었다. 플로깅은 거리에 버려진 쓰레기를 최대한 많이 주우면서 목적지까지 가벼운 조깅으로 가는 것이 목적이기 때문에 조깅하는 시간을 고려하여 필요한 쓰레기 봉투와 장갑, 집게를 챙겨 가는 것이 좋다.

(2) 플로깅 등장 배경

많은 사람들이 환경 문제에 관심을 가지면서 플로깅은 2016년 스웨덴에서 처음으로 시작된 환경 운동이다. 국내에서는 한강을 중심으로 '줍깅' 운동회가 열렸고, 플로깅에 대한 인식이 생기기 시작하면서 점차 확산되었다. 플로깅 자세는 스쿼트나 런지 운동 자세와 비슷하여 칼로리 소모량이 일반 조깅보다 약 50kcal를 더 소모한다는 연구 결과가 발표되기도 했다. 이로 인해 건강과 환경 두 마리 토끼를 잡을 수 있는 플로깅이 2030 세대의 트렌드로 자리 잡게 되었다.

∨ 플로깅을 실천하는 모습

(3) 플로깅과 줍깅의 차이

플로깅과 줍깅의 의미는 동일하다. 해외에서는 스웨덴어 plocka upp(줍는다)과 영어 jogging(조깅)이 합쳐져 '플로깅'이라고 부르고, 국내에서는 '줍다'와 '조깅'을 합한 '줍깅'으로 부른다.

(4) MZ 세대에서 유행하는 플로깅 챌린지

SNS를 즐기는 MZ 세대에서 플로깅 챌린지가 유행하고 있다. 챌린지에 참여하는 방법은 본인의 SNS 계정에 조깅 중 쓰레기를 주워 담는 모습이나 쓰레기를 주워 담은 봉투를 인증하면서 #줍깅챌린지 #플로깅챌린

지 등의 해시 태그로 노출하는 방법이다. 챌린지가 유명해지기 시작하면서 현재는 유명인들도 플로깅 챌린지에 참여하고 있다.

(5) 플로깅 실천 방법

플로깅은 집 근처 산책길이나 회사 출근길에서 시간과 장소의 제약 없이 목적지에 도착할 때까지 쓰레기를 줍는 것이다. 일회용 쓰레기 봉투 대신 에코백, 못 쓰는 가방, 종량제 봉투를 준비하고 다회용 장갑과 집게, 가위를 챙겨서 손이 다치지 않도록 안전하게 쓰레기를 주운 후 재활용 여부에 따라 쓰레기를 분류하여 쓰레기 수거함에 버리면 된다. 누구나 부담 없이 가벼운 마음으로 간단하게 실천할 수 있다.

(6) 플로깅에 대한 기업의 반응

최근 기업 경영 트렌드로 자리 잡고 있는 ESG 경영에서 E는 환경(Environment)을 의미하며, 플로깅과 관련하여 각종 굿즈와 마케팅 활동을 실시하고 있다.

∨ ESG 경영이란

1. ESG 경영의 이해

ESG란 기업의 비재무적 요소인 환경(Environment), 사회(Social), 지배구조(Governance)를 뜻하는 것으로, ESG 경영은 장기적인 관점에서 친환경 및 사회적 책임과 투명 경영을 통해 지속 가능한 발전을 추구하는 것을 말한다. 2004년 처음 등장한 이 개념은 기업이 이제는 이익만 추구하는 집단에서 벗어나

경영 활동에서 발생하는 문제점을 적극적으로 해결하고 인간과 사회에 도움이 되는 경영 활동을 말한다. 기업의 사회적 책임과 같은 당위적인 개념에서 한 발 더 나아가 ESG는 실증적인 기준으로 활용되고 있다. 즉, 기업이 영리와 지속 가능성을 동시에 개선하는지를 확인하는 지표로 환경과 사회 문제의 해결이 곧 장기적인 재무 성과로 연결된다는 논리이다.

2. ESG 시대의 배경

과거에 기업을 평가하는 기준은 전통적으로 회계적 성과에 집중했지만 4차 산업혁명과 디지털 전환의 가속화로 인한 사회 구조의 변화와 기후 변화로 인한 환경에 대한 우려로 인해 기업의 ESG 경영에 대한 요구는 지속적으로 높아져 왔다. ESG 경영은 단순히 트렌드를 넘어 경영 패러다임의 대전환을 일으켰고, 이제 기업의 역할은 이익의 추구에서 그치는 것이 아니라 인간과 사회에 도움이 되어야 한다는 새로운 정의가 바로 ESG이다.

3. 트렌드의 변화

 그린, 친환경 등의 키워드로 공생의 가치를 중요시 여기는 소비자가 늘어나고 있다. 특히, MZ 세대는 다른 세대보다 친환경 제품에 대한 관심도가 높다. MZ 세대는 과거와 달리 좋은 근로 환경에서 일하기를 바라고 사회에 공헌하는 기업과 일하려는 청년들이 많아지고 있다.

5) 에코 투어리즘의 기회와 위협 요소

에코 투어리즘의 추진에 앞서 인식해야 하는 것은 에코 투어리즘이 모든 측면에서 긍정적인 측면만을 가져다주는 것은 아니라는 점이다. 에코 투어리즘은 많은 부분에서 지역 사회에 기여하는 바가 크지만 그와 반대로 위협이 되는 요소들이 있어 이에 대한 인지는 반드시 필요하다.

에코 투어리즘을 산업 분야로 인식할 경우 주민 중심으로 운영되어 상당히 불안정한 요소들이 있고 민간 기업의 참여 또한 시장성에 따라 달라질 수 있어 수요와 공급의 일관성을 유지하기 어렵다. 또한, 외부 관광객들의 일관된 수요 조절이 어렵고 여행객의 수가 증가할 경우 서식처 훼손의 우려가 커지고 감소할 경우 경제 기반이 약화되거나 참여하는 여행객이 급격히 감소하는 등 불안정한 현상이 나타날 수 있다.

따라서, 에코 투어리즘이 가지는 잠재적 기회 요소와 위협 요소에 대해 정확하게 인식하고 추진할 필요가 있으며 이와 관련하여 지역 사회가 얻을 수 있는 기회 요소와 잃을 수 있는 위협 요소들을 숙지할 필요가 있다.

∨ SWOT 분석이란

SWOT 분석은 기업의 내부와 외부 환경을 분석하여 자사의 강점과 약점, 기회와 위협 요인을 파악하고 이를 기반으로 마케팅 전략 수립하는 데 활용하는 기법이다.

① Strength(강점): 기업 내부의 강점

→ 자본력, 우수한 기술력, 유능한 인적 자원

② Weakness(약점): 기업 내부의 약점

→ 생산력 부족, 낮은 브랜드 인지도

③ Opportunity(기회): 기업 외부에서 비롯된 사회, 경제적인 기회

④ Threat(위협): 기업 외부에서 비롯된 사회, 경제적인 위협

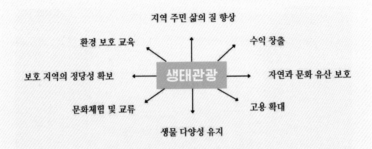

∨ 에코 투어리즘의 잠재적 기회 요소

지역 주민 삶의 질 향상
환경 보호 교육   수익 창출
보호 지역의 정당성 확보   생태관광   자연과 문화 유산 보호
문화체험 및 교류   고용 확대
생물 다양성 유지

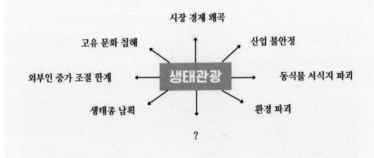

∨ 에코 투어리즘의 잠재적 위협 요소

시장 경제 왜곡
고유 문화 침해   산업 불안정
외부인 증가 조절 한계   생태관광   동식물 서식지 파괴
생태종 남획   환경 파괴
?

∨ 무엇이 바람직한 에코 투어리즘 여행일까요?

(   )

(   )

왜 그렇게 생각했나요?

6) 생태관광지역의 이해

(1) 생태관광지역의 개념

생태관광지역은 환경적으로 보전가치가 있고 생태계 보호의 중요성을 체험할 수 있는 지역으로 생태관광을 육성하기 위해 환경부 장관과 문화체육관광부 장관이 협의하여 지정한다.

(2) 생태관광지역 지정제

① 추진 배경

생태관광지역 지정제는 잘 보전된 자연을 생태관광지역으로 지정하고 환경 친화적이고 우수한 프로그램을 활용하여 국민이 생태관광을 체험할 수 있도록 한 제도이다.

2013년부터 도입된 생태관광지역 지정제는 규제 중심의 자연 보전 정책의 패러다임을 현명한 이용으로 전환하며 생태관광 산업을 왜곡하고 자연환경을 훼손하는 프로그램을 예방하여 생태관광 성공 모델을 육성하고자 하였다.

② 생태관광지역 지정 대상

생태관광지역은 자연 지역 중심의 가치와 시설 및 운영 프로그램을 포괄적으로 묶은 형태로 지역 내 자연 생태 자원이 있는 보호지역을 중심으로 한다.

7) 생태관광지역 자세히 보기

(1) 자연이 숨쉬는 부산 낙동강하구 생태공원

부산 낙동강하구는 연간 8만 마리의 철새가 도래하는 철새 도래 지역으로 큰고니와 노랑부리저어새 등 16종 6천여 마리의 천연기념물과 연간 170여 종 철새들이 찾고, 380여 종의 식물이 서식하는 도심내 동식물의 생태계 보고이다. 낙동강 하구는 먹이와 지리 및 기후의 삼박자를 모두 갖추고 있는 세계적인 철새 도래지의 보고이다. 예로부터 영남의 신석기 문화가 발달했고, 선사시대로 접어들면서부터 청동기와 초기 철기문화가 꽃피웠던 곳으로 알려져 있다.

(2) 대한민국 람사르 습지 1호 인제 대암산용늪

인제 대암산용늪은 대암산 고지대에 위치한 구릉지대로, 습지가 산꼭대기에 형성된 고층습원은 국내에서 용늪이 유일하고 세계적으로도 매우 드물게 나타나는 지형으로 생태학적, 학술적 가치가 높다. 또한, DMZ, 백두대간 보호지역, 습지 보호지역(람사르 습지), 천연 보호구역 등 군 면적의 33%가 보호지역이며 멸종위기 야생 동식물과 한국 고유종, 천연기념물이 서식하고 있다.

(3) 금강과 서해가 만나 더 풍성해진 생태계, 서천 금강하구 및 유부도

서천 금강하구 갯벌과 유부도는 람사르 습지이자 습지 보호지역이다. 서천 금강하구는 금강과 서해바다 생태계가 함께 모여 살아가는 생명의 보고로 봄과 가을에는 도요물새, 겨울에는 청둥오리, 흰뺨검둥오리, 고방오리, 쇠오리가 서식하고 있다. 또한, 갈대군락과 염생식물이 자라는 곳은 천연기념물 큰고니, 멸종위기인 검은머리 갈매기, 넓적부리 도요 등 희귀철새들의 천국이다. 서천 유부도는 묶였던 강물이 서해 바다와 만나는 자리에 모래펄이 쌓여 만들어진 섬으로 고려 선비들이 유배되어 생을 마친 곳으로 유명한데 임진왜란 때 아버지가 피난 와서 살던 섬은 유부도, 아들이 살던 섬은 유자도라 불렀고, 지금은 유부도만 이름이 남았다.

(4) 여름이 빛나는 순천 순천만

순천 순천만은 국내 연안 습지 최초의 람사르 습지로, 드넓은 갯벌에 펼쳐지는 갈대밭과 칠면조 군락, S자형 수로가 어우러져 다양한 해안 생태 경관을 보여 주는 경승지이다. 2008년 순천만 일대가 국가 지정문화재 명승 제41호로 지정된 생태계 보존지구이다.

∨ **2019년 순천 방문의 해**

- -

⑸ 수려한 자연 환경 속에 흐르는 역사적 유래, 울진 왕피천계곡

울진 왕피천계곡은 명승 제6호로 지정될 정도로 아름답고 녹지 자연의 우수한 식생과 빼어난 자연 경관을 자랑하며 산양, 수달, 구렁이, 담비, 하늘다람쥐 등 멸종 위기종이 서식하고 있는 국내 최대 규모의 생태경관 보전지역이다. 울진 왕피천은 예로부터 사람의 접근이 어려운 오지이기 때문에 원시 그대로의 모습을 간직하고 있는데 어원처럼 '왕이 피신해 온 곳'이라는 뜻이 담겨 있다.

⑹ 우리나라 해안선의 특징을 모두 품고 있는, 남해 앵강만

남해 앵강만은 동해를 닮은 절벽과 서해를 닮은 갯벌, 남해의 몽돌 해변을 품고 있으며 다채로운 바다의 풍광을 만날 수 있는 곳이다. 점점이 박혀 있는 섬들과 끝없이 펼쳐져 있는 바다의 전경을 보고 싶으면 금산, 호구산, 설흘산 등 앵강만을 둘러싼 높고 낮은 산에 오르면 된다. 또한, 해안가를 따라 걸으면 신전마을, 홍현마을, 숙호마을, 두곡마을, 원천마을, 미국마을 등 특색 있는 바닷가 마을마다 방풍림으로 형성된 해안 숲이 있다.

⑺ 생명력 강한 생태관광의 메카, 창녕 우포늪

람사르 협약에 등록된 창녕 우포늪은 오래전에 생성된 내륙 습지로,

다양한 동식물이 서식하는 생태계
의 보고이다. 가시연꽃, 마름 등 다양
한 식물과 천연기념물인 노랑부리 저
어새와 큰고니 등 다양한 조류, 어류,
포유류, 파충류가 서식하고 있다. 창

녕 우포늪은 3포 2벌(우포, 목포, 사지포, 쪽지벌, 산밖벌)로 구성되며 그
중 제일 큰 우포늪은 마치 소가 물먹는 모습과 닮아 '소가 마시는 벌'이라
는 뜻의 '소벌'이라 불렀고 한자로 '우포(牛浦)'라고 불린다.

⑻ 돌무더기 요철 지형에 형성된 제주의 숲, 제주 동백동산습지

제주 동백동산습지는 남방계 식물
과 북방계 식물이 함께 자생하는 독
특한 자연 생태계로, 우리나라 특산
식물인 제주 고사리삼의 서식지이자
남한 최대의 상록 활엽수림 지대이

다. 약 1만여 년 전 형성된 용암대지 위에 뿌리내린 숲 곶자왈은 비가 오
면 수십 수백 개의 습지가 형성되는 특별한 지형으로 2011년 람사르 습
지 보호지역으로 지정되었으며 유네스코 세계 지질공원 대표 명소로 지
정된 곳이다.

⑼ 생태 환경의 아름다움, 괴산 산막이옛길과 괴산호

산으로 둘러싸인 괴산 산막이옛길과 괴산호는 인위적인 훼손을 막기
위해 자연환경 보호지역으로 관리되어 국립공원과 백두대간 보호지역

이 인접하여 훼손되지 않은 우수 경관을 간직하고 있다. 또한, 전국 5곳에만 있는 천연기념물 '미선나무' 자생하는 군락지가 존재하여 더욱 특별하다. 이곳은 친환경 공법으로 만들  어져 환경 훼손을 최소화한 자연미 그대로를 보여 주며 옛길을 따라 펼쳐지는 산과 물, 숲의 아름다움은 괴산의 백미로 손꼽힌다.

(10) 하늘에서 내려다본 안산 대부도와 대송습지

안산 대부도와 대송습지는 광활한 갯벌과 수려한 해안선, 천혜의 자원을 갖고 있어 서해의 보물섬이라 불린다. 특히 대송습지는 서해안 최대의 습지로서, 철새와 천연기념물, 멸  종 위기종이 관찰되는 수도권의 대표적인 철새 도래지이다. 대부도는 서해안의 가장 큰 섬으로 세계 최대 규모의 시화호 조력 발전소와 달전망대, 생태길 대부 해솔길, 대부바다 향기 테마파크 등 다양한 콘텐츠의 여행 명소이자 수도권 최고의 해양 생태관광지이다.

(11) 문화유산과 풍부한 자연이 만나는 도시 속 생태,
강릉 가시연습지·경포호

강릉 가시연습지·경포호는 수달, 원앙 등 멸종 위기종과 천연기념물이 다수 서식하고 있으며 오죽헌, 선교장 등 역사 문화를 함께 만나볼 수 있다. 율곡이 태어난 보물 제165호
'오죽헌', 국가지정 중요민속자료 제5
호 전통가옥 '선교장' 등이 소재하며,
최초의 한글소설을 쓴 '허균'과 여류
문인 '허난설헌'의 생가가 있다.

∨ 이야깃거리

이곳 '경포 지역'에는 재미있는 설화가 있다. 고려 말 박신이 순찰 중 기생 홍장을 만나 사랑하게 되었는데, 강릉부사 조운흘이 박신을 놀릴 생각으로 "홍장이 밤낮 그대를 생각하다 죽었다"고 해 몸져눕게 되었다. 이에 "경포대에 달이 뜨면 선녀들이 내려오니 홍장도 내려올지 모른다"며 박신을 호수로 데려갔고, 거기서 둘이 극적인 재회를 했다는 이야기가 전해진다. 경포호에는 아직 홍장암이 있어 설화의 명맥을 이어주고 있다.

∨ 에코 티어링이란

에코 티어링(Eco Teering)은 에코와 오리엔티어링(Orienteering)의 합성어로 목표물을 찾아 주어진 생태 문제를 스스로 해결해 보고 코스별로 주어진 미션을 수행하며 판단력, 추리력, 통찰력을 키우는 생태활동 프로그램이다.

여기서 오리엔티어링은 장교들의 '독도법(지도를 읽는 방법)' 훈련 방식에서 파생된 스포츠를 말한다. 지도와 나침반만을 사용하여 몇개의 지점을 거쳐 빨리 목적지에 도착하는 것을 겨루는 이 스포츠는 1897년 노르웨이에서 일반인을 대상으로 열린 최초의 경기에서 시작하였다.

8) 에코 투어리즘을 위한 노력

(1) 우수 자원 발굴

환경부는 습지 보호지역과 생태·경관보전지역 등 환경적으로 보전 가치가 있고 생태계 보호의 중요성을 체험할 수 있는 지역을 '생태관광 지역'으로 지정하고 있다. 생태관광지역에는 전문가의 도움을 받아 주민 협의체를 구성하고 생태관광 자원을 발굴하여 프로그램을 개발하고 있다. 또한, 소득 창출 및 홍보 방안 등 조기 정착을 위한 브랜드화를 지원하고 있다.

(2) 생태관광 프로그램 개발

생태관광 프로그램은 자연 속에서 생태 환경을 체험하면서 인성과 감성을 기를 수 있는 기회를 제공하면서 그 지역의 환경 수용력을 고려하여 소규모 단체가 참여할 수 있는 프로그램을 중점으로 운영하고 있다. 또한, 국립공원을 중심으로 교과과정을 연계하여 생태 수학여행과 같은 프로그램, 자원봉사와 생태관광을 융합한 사회 공헌형 생태관광 프로그램도 개발하고 있다.

(3) 생태관광 인프라 확대

국립공원, 습지 보호지역, 생태·경관보전지역 등 생태 우수지역에서 자연을 느끼고 체험하는 생태 탐방에 대한 수요는 늘고 있지만 숙박, 체

험 시설이 부족하여 생태관광 활성화
에 저해 요인으로 작용하고 있다. 따
라서, 숙박 여건이 갖춰지지 않은 생
태관광지역에는 체류하면서 자연 체
험이 가능하도록 환경친화적 '에코촌
(생태촌)'을 조성하고 있다. 현재 순천
순천만, 창녕 우포늪, 제주 동백동산,
고창 고인돌 및 운곡 습지에서 에코촌
을 운영하고 있다.

국립공원에서는 우수한 생태계와
인근 지역 사회의 생태관광 자원을 연계한 생태 체험과 환경 교육을 지
원하고 생태관광 전문인력을 양성하고 있다. 또한, 정상 정복 중심의 등
산 문화를 개선하기 위한 생태 탐방원을 운영하고 있다. 현재 북한산, 지
리산, 설악산, 소백산, 한려해상, 가야산, 무등산, 내장산 생태 탐방원을
운영하고 있다. 아울러 자연을 가까이에서 접하면서도 보호지역의 생태
훼손을 방지할 수 있는 국가 생태 탐방로를 조성할 수 있도록 지원하고
있다.

(4) 생태관광을 알리기 위한 교육과 홍보

환경부는 생태관광객에게 자연에 대한 의미와 감동을 전해주는 고품
질 해설 서비스를 제공하기 위해 '자연환경해설사'를 양성하고 있다. 자
연환경해설사는 국립공원, 습지 보호지역, 생태·경관보전지역, 생태관
광지역에서 활동하며, 특히 생태관광지역에서는 지역 주민이 직접 교육

을 이수하고 해설사로 활동할 수 있도록 지원하고 있다.

생태관광은 지역 사회의 자연 자원에 대한 보전 의지와 여행객의 자연 지역에 대한 책임 의식이 선순환 구조로 정착되는 것을 중요시한다. 정부는 지역 주민, 공무원 등 생태관광 운영 주체를 대상으로 생태관광 아카데미, 간담회를 실시하고 있으며 국민들에게는 생태관광의 의미를 올바르게 전달하고 생태관광 정책 및 지정 지역에 대한 인지도를 높이기 위해 다양한 홍보 사업을 실시하고 있다.

9) 에코촌[생태촌] 살펴보기

(1) 숲 속의 여유와 도심 속의 자연 쉼터,
제주 선흘 동백동산 에코촌 유스호스텔

선흘 동백동산 에코촌 유스호스텔
은 자연을 생각한 친환경 에너지 제
로 자립형 숙박시설로 제주석을 이용
한 인테리어와 돌담길은 제주도의 소
박한 아름다움을 느끼게 한다. 특히,
2018년 세계 최초 람사르 습지 도시로 인증받은 조천읍 지역의 선흘 곶
자왈과 동백동산습지가 인접하며 함덕 해수욕장, 만장굴, 거문오름 등
관광지가 주변 지역에 있어 생태관광을 즐기면서 마음을 치유할 수 있
는 최적의 장소이다. 청정 제주 속의 에코촌 유스호스텔은 제주 환경의
가치를 발견하고 자연에 동화될 수 있는 친환경 명소로 자연 생태 자원
과 제주도의 아름다운 역사와 문화 자원을 보여 준다.

(2) 한옥이 살아 숨쉬는 순천만 에코촌 유스호스텔

순천만 에코촌 유스호스텔은 국내
최초 한옥 유스호스텔로, 도심에서
지친 몸과 마음을 자연 속에서 달래
고, 바람 소리와 새소리가 음악이 되
는 곳이다. 이곳은 일반인에게도 개
방하여, 총 4개 동으로 이루어진 숙소 중 에코 2개 동을 제외하고 방과

방 사이에 마루가 있는 'ㄴ' 자 형태다. 방은 2인실이지만 성인 넷이 누워도 될 만큼 넉넉한 크기다. 마루에 앉아 햇살의 따사로움을 온전히 느낀다. 제비가 둥지를 틀었는지 서까래 아래에서 분주하다. 햇살이 기분 좋게 드리우는 창호지 바른 창가에 한옥과 산이 그림처럼 담긴다.

(3) 람사르 협약에 따라 보호되는 생태계 우포늪, 우포 생태촌 유스호스텔

우포 생태촌 유스호스텔은 창녕 우포늪 근처에 위치한 유스호스텔로, 우포늪 생태관광이나 휴식을 위해 방문하는 여행객이 주로 방문한다. 시설을 조성할 때 밭을 활용해서 지형변형이나 토양 손실이 발생하지 않았고 주변 환경과 잘 어울린다. 또한, 국내 최대의 자연 늪인 우포늪 인근에 위치하여 태고의 신비스러움을 가장 가까이에서 느낄 수 있다. 초가집 객실과 너와집 객실의 외형은 전통적인 멋을, 내부는 현대적인 편리함을 갖췄고 야영장을 조성하여 우포늪 밤하늘의 별을 보고 풀벌레 소리를 들으며 휴식을 취할 수 있다.

(4) 아름다운 상생의 공간, 북한산 생태탐방원

북한산 생태탐방원은 북한산 국립공원에 위치한 국립공원 제1호 생태탐방원으로, 자연과 사람이 교감하고 자연과 함께 꿈꾸며 배우는 자연과 교감하는 곳이다. 북한산 생태탐방

원은 우수한 생태 환경과 문화 자원을 활용하여 생태관광 활성화, 미래의 환경리더 양성을 위하여 주변 학습 시설과 연계한 다양한 프로그램을 운영하고 있다. 청소년의 품성과 자질 함양, 국민을 위한 힐링 프로그램 제공, 자연환경해설사, 지질공원해설사 양성 교육 등 다양한 생태체험 프로그램 개발에 선도적인 역할을 하고 있다.

(5) 어린이들을 위한 체험의 장, 판교 환경생태 학습원

판교 환경생태 학습원은 어린이들이 생태계 보전의 중요성과 생명의 소중함을 배우고 환경과 자연에 대한 이해를 돕기 위한 생태 놀이터이다. 어린이 중심의 스토리를 담은 체험관으로 평소 책으로만 접했던 숲, 습지 등의 생태계를 생생히 관찰할 수 있고 흥미로운 체험 놀이를 활용하여 환경 시설, 신재생 에너지 등 생소한 환경 지식을 쉽게 이해할 수 있는 생태 환경 교육 공간이다.

10) 국내관광 활성화 정책

(1) 구석구석 국내관광 캠페인

구석구석 국내관광 캠페인은 한국관광공사가 관
광 명소를 발굴하여 알리고 국내관광에 대한 새로운
인식 전환의 계기를 마련하기 위하여 전개한 캠페인
으로, 신성장 동력으로서 관광 산업의 중요성을 국
민들에게 알리고 국내관광 활성화를 통해 지역경제 발전을 도모한다.

(2) 여행 주간

여행 주간은 여름철에 집중된 여행 수요를 분산하고 관광을 활성화하
기 위해 봄과 가을에 일정한 시기를 정하여 관광을 장려하는 국내여행
특별 주간이다. 여행 주간 기간 동안에는 전국의 지자체와 관광 업계가
협력하여 다양하고 특별한 여행 프로그램과 혜택을 누릴 수 있다.

(3) 여행 바우처 사업

여행 바우처 사업은 국민의 여가 활동을 증진하
고 국내관광을 활성화하기 위해 상대적으로 휴가
여건이 열악한 사회적 취약계층에게 휴가비 등 여

행 기회를 지원하는 제도이다.

⑷ 국가 단일 품질 인증제 운영, 한국관광 품질인증제도

한국관광 품질인증제도는 주변 경쟁국 대
비 국가 관광 경쟁력이 부족하고 한국 관광
을 대표하는 단일 인증 브랜드가 필요하다
는 취지로 도입되어 체계적인 관광 서비스

품질 관리를 위해 숙박과 쇼핑 등 관광 접점 대상 품질 기준을 마련하여
국가적으로 단일화된 품질 인증과 마크를 부여하는 제도이다.

⑸ 주민이 함께 만들어 나가는 지속 가능한 지역관광, 관광두레

관광두레는 2013년 '관광객의 소비가 지
역 발전으로 이어지는 관광 생태계 조성'을
목표로 시작되었다. 지역 주민들이 주도하
여 지역을 방문하는 관광객을 대상으로 지
역 고유의 특색을 지닌 숙박, 식음, 기념품,

체험, 레저, 여행 알선 등의 관광 사업체를 창업하고 자립 발전하도록 밀
착 지원하는 사업이다. 관광두레는 '스스로 함께 힘을 모아 해 보자'는 주
민 공동체의 자발성과 협력성을 원칙으로 한다. 주민 공동체가 지역 고
유의 자원을 관광 상품으로 생산하고 판매하는 사업을 자립적으로 경영
할 수 있도록 육성한다.

⑹ 대한민국 테마여행 10선

대한민국 테마여행 10선은 전국의 10개 권역을 대한민국 대표 관광지로 육성하기 위한 문화체육관광부와 한국관광공사의 국내여행 활성화 사업이다. 각 권역에 있는 3~4개 지방자치단체는 지역의 특색 있는 관광 명소들을 개선하고 연계하여 테마가 있는 고품격 관광 코스로 여행객들을 맞이한다.

11) 느림의 미학, 슬로시티

(1) 슬로시티의 기념

슬로시티(Slow City)는 1999년, 몇몇 시장들에 의해 처음으로 시작되었으며, 자연과 전통문화를 보호하고 조화를 이루면서 속도의 편리함에서 벗어나 느림의 삶을 추구하자는 국제 운동이다. 1999년 국제 슬로시티 운동이 출범된 이래, 현재 전 세계 33개국 227개 도시가 슬로시티로 지정되어 있다.

(2) 좋은 삶이 있는, 슬로시티 국제연대

슬로시티 국제연대가 지향하는 슬로시티의 철학은 속도에서 깊이와 품위를 존중하는 것이다. 슬로시티라고 해서 무조건 옛것을 지키면서 개

좋은 삶이 있는 슬로시티 국제연대
치따슬로(Cittaslow)는 슬로시티를 뜻하는 말로 상징인 달팽이는
마을이란 좋은 공동체를 등에 업고 보다 나은 삶의 질을 향해 가고 있다

발이나 현대 문명을 배척하는 것이 아니다. 도시의 전통과 역사, 그리고 현대적인 의미가 함께 공존할 수 있는 대안을 지역 주민 스스로 만들어 가는 것이다. 슬로시티는 지역의 고유한 자원과 역사 문화를 잘 가꾸면서 후세에도 아름다운 유산을 전달하여 지역 주민의 행복을 만들고 튼튼한 공동체를 건설하는 것이다.

(3) 대한민국 슬로시티 지정 현황(11개 도시 선정)

슬로시티로 지정되기 위해서는 자전거, 도보 등 생태 교통수단 마련, 인근 주민 친화력, 친환경 도시 조성 등의 7개 분류, 72개 항목에 적합하

여야 인증을 받을 수 있다. 우리나라는 현재까지 11개 도시가 슬로시티로 선정되었다.

우리나라 슬로시티를 방문하여 느림의 미학을 느껴 보자. 멀리 갈 필요 없이 일상 속에서도 주변을 돌아보며 빠름과 느림, 도시와 자연의 조화로운 삶을 즐겨 보자.

1. 아시아 최초 슬로시티로 선정된 국내 유일의 슬로시티 섬, 전남 완도군 청산도

전남 완도군 청산도는 2007년 아시아에서 최초로 슬로시티로 선정된 곳으로 다도해 최남단 섬이다. 국내 섬 중에서 유일하게 슬로시티로 지정된 곳이며, 산과 바다, 하늘이 모두 푸르러서 청산(靑山)이라는 이름이 붙여졌다. 아름다운 경관과 섬 고유의 전통문화가 어우러진 곳으로, 특히 아름다운 풍경에 취하여 절로 발걸음이 느려진다는 뜻의 슬로길이 유명한다. 2001년 국제 슬로시티 연맹 공식인증 세계 슬로길 1호로 지정되었다.

2. 남한강변 자전거길과 아름다운 마을이 있는
수도권 최초의 슬로시티, 경기 남양주시 조안

경기도 남양주시 조안은 2010년 수도권 최초로 지정된 슬로시티로, '새가 편안히 깃든다' 하여 조안이라는 이름이 붙여졌다. 팔당에서 양평, 대성리로 이어지는 남한강변에는 자전거길이 있고, 운길산역에서 시작하여 마진산성, 수종사 등을 지나 슬로시티 문화관을 돌아볼 수 있는 슬로시티길이 있다. 또한, 연꽃마을, 전원마을, 장수마을 등 아름다운 이름을 가진 12개의 마을이 있다.

3. 소설 '토지'의 배경, 야생차 밭으로 유명한 슬로시티, 경남 하동군 악양면

경남 하동군 악양면은 섬진강과 지리산이 어우러져 박경리 작가의 소설 '토지'의 배경이 된 곳으로, 섬진강을 따라 마련된 토지길과 초록빛으로 물든 야생차 밭을 걸으면 바쁘게 살아온 일상에서 벗어나 차와 문학의 향기를 느끼며 여유로움을 만끽할 수 있다. 2009년, 이탈리아에서 열린 슬로시티 국제조정이사회에서 하동군 악양면이 단독으로 상정되어 우리나라 5번째 슬로시티로 인증받았다.

4. 주왕산 국립공원과 아름다운 고택이 있는 산촌형 슬로시티, 경북 청송군

경북 청송 국제 슬로시티는 주왕산이 자리한 국내최초 산촌형(山村型) 슬로시티로, 푸른 소나무를 뜻하는 '청송'이라는 이름처럼 자연이 함께하는 곳이다. 오지로 꼽히던 청송지역을 알린 명소인 주왕산 국립공원은 봄이면 수달래가 피고 가을이면 단풍으로 물들어 청송의 매력에 흠뻑 빠질 수 있다.

2장

관광 기본의 이해

1) 관광의 이해

(1) 관광의 개념

관광이란 다시 돌아올 예정으로 일상의 생활권을 떠나 타 지역의 풍물, 문물을 관찰하여 견문을 넓히고 자연 풍경을 감상할 목적으로 여행하는 것을 말한다.

> ### ∨ 관광의 유사 개념
>
> 여행, 여가, 소풍, 유람, 기행, 피서, 방랑, 레저, 레크리에이션

(2) 관광 수요의 이해

관광 수요는 관광 활동에 참가하는 여행객, 즉 관광의 주체를 말한다. 관광 수요 예측은 마케팅 전략 기초 자료로 활용하고 예산 규모를 측정하여 관광 상품 가격을 결정할 수 있다.

2) 관광의 분류

① 국내관광(Domestic Tourism): 자국민이 자국에서 관광

② 국외관광(Outbound Tourism): 자국민이 외국에서 관광

③ 외래관광(Inbound Tourism): 외국인이 자국에서 관광

④ 외국인관광(Overseas Tourism): 외국인이 외국에서 관광

국적 \ 국경	국내	국외
자국인	국내관광 (Domestic Tourism)	국외관광 (Outbound Tourism)
외국인	외래관광 (Inboud Tourism)	외국인관광 (Overseas Tourism)
Internal 관광	국내관광 (Domestic Tourism)	외래관광 (Inbound Tourism)
National 관광	국내관광 (Domestic Tourism)	국외관광 (Outbound Tourism)
International 관광	국외관광 (Outbound Tourism)	외래관광 (Inbound Tourism)

3) 관광 사업의 이해

(1) 관광 사업의 개념

관광 사업은 관광 수요 창출과 사업 활동을 통해 관광의 다각적인 효과를 거두려는 인류 평화와 복지를 위한 사업을 말하며 조직적인 활동으로서 관광 왕래를 대상으로 한 서비스업이다.

(2) 관광과 관광 사업의 관계

관광주체와 관광객체 사이의 매체인 관광 사업이 개입되면 관광의 효용성과 수요가 증대된다.

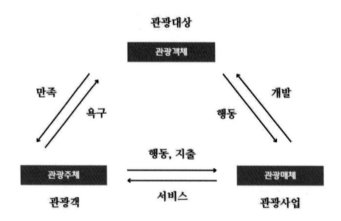

4) 관광 사업의 특성

(1) 복합성

관광 사업은 공공기관과 민간기업이 분담하여 추진하므로 복합성이 나타나며 출판, 방송, 교통 등 여러 업종이 모여 하나의 통합된 사업을 만든다.

(2) 서비스성

관광 사업은 여행객에게 서비스를 제공하는 영업 중심으로 무형의 서비스가 가장 중요하다.

(3) 비저장성

관광 사업은 생산과 소비가 동시에 이루어져 호텔 객실이나 식사 등 저장이 불가능하다.

(4) 입지 의존성

관광지의 형성은 유형과 무형의 관광자  원을 소재로 하여 이루어지기 때문에 입지 의존성은 필연적인데 관광지의 유형과 기후, 교통 사정에 따라 의존적이다. 또한, 시장 규모, 인력 공급 등 경영적 환경과 소비 성향에 영향을 많이 받는다.

⑸ 변동성

관광 사업은 국제 정세의 긴박한 상황, 정치적 불안, 폭동 등 사회적 요인과 경제 불황, 환율 시세의 상승 등 경제적 요인과 지진, 태풍, 폭풍우 등의 파괴적 자연 현상에 따라 지속적으로 변동된다.

⑹ 공익성

관광 사업은 국제 문화의 교류, 국민의 보건 향상, 근로 의욕의 증진 등 사회 문화적 측면과 외화 획득과 경제 발전, 기술 협력 등 국민 경제 측면과 소득 효과, 고용 효과, 산업 연관 효과, 주민 복지의 증진, 생활 환경의 개선 및 지역 개발의 효과 등 지역 경제 측면에서 공익성을 띤다.

관광사업의 특성

복합성 | 서비스성 | 비저장성 | 입지의존 | 변동성 | 공익성

5] 여행업의 이해

(1) 여행업의 개념

여행업은 계약 체결의 대리, 정보 안내, 여행 편의를 제공하는 업으로 제품 수명 주기가 짧은 다품종 대량 생산 산업이다. 여행업은 소규모 자본에 의한 경영 형태를 가지고 있어 고정 자본의 투자가 적지만 노동에 대한 의존도가 높다.

(2) 여행 상품의 이해

여행 상품은 '서비스'라는 무형의 상품으로 생산과 소비가 동시에 발생하므로 재고가 발생하지 않고 해당 시기가 경과하면 상품 자체가 소멸한다. 교통 수단, 식사, 관광지 등의 서비스가 패키지 형태로 구성되며 휴가 시즌처럼 특정한 시기에 편중되어 수요의 편차가 극심하다. 비수기와 성수기라는 계절성의 문제를 해결하기 위해서는 가격의 차등 적용을 두어야 한다.

① 여행 기간이 길수록
② 목적지의 거리가 멀어질수록
③ 비수기보다는 성수기일 때
→ 가격이 상승한다.

여행상품의 가격결정요인

6) 여행업 마케팅의 이해

(1) 여행업 마케팅의 개념

여행업 마케팅이란 여행 상품을 기획하고 판매하는 등 적극적인 방법을 통해 자사의 관광 상품이 시장에서 가장 좋은 위치를 선점하는 경영 철학을 말하며 관광 수요와 공급이 급격하게 증가하면서 여행 상품은 대량 생산, 대량 소비의 형태로 발전했다.

관광객 구매의사 결정과정

문제인식　　정보탐색　　대안평가　　구매결정　　구매후 평가

(2) 여행 상품 마케팅의 종류

① 점포 판매 - 카운터 판매

점포 판매는 고객의 방문을 기다려 점포에서 판매하는 방식으로 영업소는 고객이 쉽게 방문할 수 있는 곳에 있어야 하며, 쾌적한 공간이나 여행 상담에 편리한  시설을 갖추어야 하므로 자금과 비용이 많이 소요된다.

② 세일즈맨 판매

세일즈맨 판매는 영업소의 시설 부담을
줄일 수 있는 장점이 있으나 고객 흥미를
유발할 수 있는 판매 기술이 필요하다. 단
체여행이 주요 대상이 되며 개인 여행에
비해 경제적 효과가 높으므로 경쟁이 치열한 편이다.

7) 국제 관광의 이해

(1) 국제 관광의 정의

국제 관광은 인종과 성별, 언어, 종교, 국경을 초월하여 타국의 문물, 제도, 경관을 두루 관찰하고 유람하는 목적으로 외국을 순방하는 활동을 말한다. 국제 관광은 국제 간의 문화 교류를 통해 문화 생활 향상에 크게 이바지하며 지역 주민과의 접촉을 통하여 국가 상호 간의 이해를 증진하고 국제 친선에 기여한다. 소득 격차가 상대적으로 적으면서 인구 증가에 따른 도시화가 급속히 진행되고 있는 국가부터 확대되었다.

(2) 국제 관광의 특징

국제 관광은 외화를 버는 행위로 수익성이 높은 산업인데 비경제적 요소에 크게 민감하기 때문에 적은 자본을 투자하여 최대의 편익을 얻을 수 있다. 또한, 여러 경제 분야에 직간접적으로 영향을 주며 다른 수출 산업보다 더 많은 비금전적 편익, 즉 사회 문화적 부분을 동반한다.

∨ 마닐라 선언이란

마닐라 선언은 1980년 필리핀 마닐라에서 열린 국제 관광에 관한 회의에서 채택된 문서로, 세계적인 관광 산업의 지속 가능성과 발전을 장려하기 위한 원칙과 지침을 담았다. 이 문서에서 관광 활동은 인간 존엄성의 정신에 입각하여 보장되어야 하며 세계 평화에 기여해야 함을 결의하였다.

◀ 마닐라 선언 로잔 운동

8) 대한민국의 관광단체

(1) 문화체육관광부

문화체육관광부는 관광 정책 및 국제 관광, 관광 개발 등 관광 진흥 업무를 수행한다.

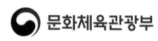

(2) 한국관광공사

한국관광공사는 관광 진흥, 관광 자원 개발, 관광 산업의 연구, 개발 및 전문 인력의 양성, 훈련에 관한 사업을 수행한다.

(3) 한국관광협회중앙회

한국관광협회중앙회는 관광 업계의 의견을 조정하고, 국내외 관련 기관과 상호 협조한다.

(4) 한국문화관광연구원

한국문화관광연구원은 관광 분야의 대안 제시를 위해 설립된 정책 연구 기관이다.

9) MICE의 이해

(1) MICE의 개념

MICE는 Meeting(회의), Incentives Travel(포상 여행), Conventions(컨벤션), Exhibitions(전시)의 4분야를 통틀어 말하는 서비스 산업을 의미한다.

(2) 코리아 유니크 베뉴

유니크 베뉴는 MICE 행사를 회의 전문 시설이 아닌 해당 도시의 전통과 매력을 느낄 수 있는 장소에서 개최하는 것으로 한국관광공사에 선정하여 발표한다.

∨ 코리아 유니크 베뉴

▲ 서울 이랜드 크루즈 　　　　▲ 부산 영화의 전당

10) 주제 공원의 이해

(1) 주제 공원의 개념

주제 공원(Theme Park, 테마 파크)은 특정 주제 공간을 창조하여 시설과 운영이 그 주제에 따라 통일적이고 독립적으로 이루어진다. 주제 공원은 차별화된 콘셉트를 가지고 놀이, 휴식, 전시, 체험, 교육을 함께 즐길 수 있다. 주제 공원은 현실과 차단된 허구의 공간으로 현실에서 벗어나 하나의 독립된 비일상적인 공간을 만든다. 또한, 환경에 통일적인 이미지를 부여하여 주제를 실현하고 균형과 조화를 이룬다.

(2) 국내 주제 공원의 문제점

국내 주제 공원은 시설 간의 거리가 멀어 접근성이 떨어지고 기다리는 시간이 길다. 또한, 탑승권이 비싸지만 차별성이 부족하고 쇼핑에 의한 수입은 적은 수준이다.

▲ 에버랜드   ▲ 롯데월드

11) 유네스코의 이해

(1) 유네스코의 개념

유네스코(UNESCO)는 교육, 과학의 보급을 통해 국가 간 협력을 증진할 목적으로 설립된 국제 연합 전문 기구로 인류가 보존해야 할 문화, 자연 유산을 세계 유산으로 지정하여 보호한다.

(2) 유네스코 등재 유산의 분류 유형

유네스코 유산의 종류

세계유산   무형문화유산   세계기록유산

12) 카지노 사업의 이해

(1) 카지노 사업의 개념

카지노(Casino) 사업은 전문 영업장을 갖추고 특정한 기구를 이용하여 우연의 결과에 따라 특정인에게 재산상의 이익을 주거나 손실을 주는 행위를 하는 업으로, 주로 호텔 내에 위치하여 여행객에게 오락을 제공하며 여행객의 체재 기간을 연장하고 지출을 늘리는 역할을 한다.

(2) 카지노 산업의 발전 역사

우리나라의 카지노는 1961년 제정된 복표발행, 현상기타사행행위단속법에 따라 설립 법적 근거가 마련되었으며 1967년 국내 최초의 카지노인 인천 올림포스 호텔 카지노가 개장했다. 카지노업은 1994년 관광진흥법 개정을 통해 관광 사업으로 규정되었으며 1995년 폐광지역 개발 지원에 관한 특별법 제정을 통해 내국인 출입 카지노 설립 법적 근거가 마련되었다. 폐광지역의 경제 활성화를 목적으로 2000년 10월 내국인이 출입할 수 있는 강원랜드가 개장했다. 현재는 총 17개의 카지노가 있는데, 이중에서 외국인 전용 카지노 16곳, 내국인 출입 카지노 1곳이 운영되고 있다.

> ### ∨ 관광진흥법이란
>
> 관광진흥법은 관광 여건을 조성하고 관광 자원을 개발하며 관광 사업을 육성하여 관광 진흥에 이바지하는 것을 목적으로 하는 법이다.

(3) 카지노 산업의 특징

　카지노 산업은 외국인 관광객을 유치하여 지역 경제를 활성화하고 조세 수입을 확대하며, 상품 개발이 용이하고 호텔 수입이 증대되는 효과가 있다. 카지노 산업은 다른 산업에 비해 고용 창출 효과가 크다. 일정한 시설만 갖추면 연중무휴 영업을 실시할 수 있는 순수 인적 서비스 상품으로, 타 관광 산업과 비교해도 3배 이상의 높은 고용 효과를 가지고 있다. 카지노는 관광객에게 게임, 오락, 유흥을 제공하여 체재 기간을 연장하고 관광객의 지출을 증가시키는 관광 산업의 주요한 사업이다. 카지노로 획득한 외화가 국내 경제에 투입되어 직간접 효과로 발생시키는 경제적 파급효과는 매우 크다. 또한, 연관 산업에 대한 생산 및 부가가치를 창출한다. 카지노 상품은 무형의 인적 서비스가 동시에 제공되는데, 슬롯머신을 제외하고는 대부분 인간 대 인간의 상행위로 사람에 중점을 둔 산업이다. 또한, 호텔 영업에 대한 기여도와 의존도가 높아 호텔의 객실, 식음료, 유흥 시설, 기타 부대시설에 대한 추가적인 매출이 발생한다. 하지만, 투기와 사행성 심리를 조장하여 경제 파탄의 위험에 놓일 수 있으며 범죄, 부패, 혼잡을 야기하여 지하 경제에 빠져들 수도 있다.

(3) 강원랜드 카지노

　강원랜드 카지노는 강원도 정선에 위치하며 폐광지역의 경제 활성화를 위해 설립되었다. 2000년 10월 최초로 내국인 출입이 허용된 카지노로,

내국인 카지노 독점 사업권을 확보하여 2045년까지 내국인 출입이 허용 운영될 예정이다. 현재 카지노를 포함한 복합 리조트 시설로 운영도고 있으며, 2020년 기준 국내 카지노 업체 중 매출액이 첫번째로 높다.

∨ 대한민국 카지노업 현황

외국인 전용 16개소, 내외국인 전용 1개소

13) 의료 관광의 이해

(1) 의료 관광의 이해

의료 관광은 질병의 치료를 넘어 현지에서 요양, 관광, 쇼핑, 문화체험 활동을 겸하는 것을 의미하며 일반 관광보다 이용객의 체류 일수가 길고 비용이 높기 때문에 고부가가치 산업으로 각광받고 있다. 치료 및 관광형의 경우 관광과 휴양이 발달한 지역에서 많이 나타나며, 외국인 환자 유치를 포함하는 의료 서비스와 관광이 융합된 새로운 관광 상품 트렌드로 볼 수 있다.

(2) 의료 관광의 성장요인

14) 항공 운송사업의 이해

(1) 항공 운송사업의 개념

항공 운송사업은 공표된 운항 시간표를 준수하여 운항하며 이용 요금은 비싸지만 이동 시간의 단축으로 경제적 효율성이 높다. 또한, 타 교통수단에 비해 낮은 사고율과 빠른 이동 속도를 보이며 기내 시설과 서비스 수준, 청결도가 우수하다. 하지만, 막대한 자본이 투입되고 항공기 사고는 한번 일어나면 피해도 크고 대형 사고로 발전하므로 안전에 각별히 유의하여야 한다.

(2) 항공 운임 등 총액 표시제

항공 운임 등 총액 표시제는 항공권이 포함된 여행 상품을 유류 할증료 등을 포함한 총액으로 표시, 안내하도록 의무화하여 이용자가 지불하여야 하는 총액을 쉽게 알 수 있도록 한 제도이다. 구매에 중요한 영향을 미치는 가격 정보를 총액으로 제공할 수 있도록 규정되었다.

(3) 국내 저비용 항공사

저비용 항공사는 대형 항공사와 달리 운영 비용의 절감으로 저렴한 항공권을 제공하는 항공사를 말한다. 국내 저비용 항공사로는 진에어, 이스타항공, 티웨이항공, 에어서울, 에어부산, 제주항공이 있다. 저비용 항공사는 단거리 노선에 치중하고 서비스를 단순화하여 비용을 절감하고 인터넷을 적극적으로 활용하여 대행 예약의 수수료와 인건비를 줄인다.

저가 항공사의 특성

Point to Point   **Secondary Airport**   **Online Sale**

▲ 제주항공   ▲ 진에어   ▲ 이스타항공

∨ 지점 간 노선

지점 간 노선(Point to Point, 포인트 투 포인트) 방식은 필요한 지점끼리 많은 선으로 잇는 방식으로, 수송 간에 혼잡성이 덜하고 허브 구축 비용을 절감할 수 있다. 하지만 많은 수의 운송 수단이 필요하고 노선망을 확장하기 곤란하며 다양한 지역으로 이동하기 힘들다. 소수의 도시만을 대상으로 항공 서비스를 제공할 때 유리하다.

∨ 허브 앤 스포크란

허브 앤 스포크(Hub & Spoke) 방식은 하나의 중심이 되는 허브 중심점을 두고 수많은 가지로 연결망을 구축하는 방식으로 적은 노선 수로도 많은 지점에 연결이 가능하기 때문에 적은 비용으로도 많은 연결망을 구축할 수 있다. 허브 앤 스포크 시스템은 노선이 많은 경우에 유리하다.

∨ 기내 특별식 유형

① 유아식(BBML, Baby Meal): 2세 미만의 어린이용 식사

② 아동식(CHML, Child Meal): 6세 미만의 어린이용 식사

③ 저지방 기내식(LFML, Low-fat Meal)

④ 저염 기내식(LSML, Low-salt Meal)

⑤ 힌두교도용 기내식(HNML, Hindu Meal)

⑥ 이슬람교도용 기내식(MOML, Moslem Meal)

⑦ 채식 기내식(VLML, Vegetarian Meal)

⑧ 당뇨병 대응 기내식(DBML, Diabetes Meal)

∨ 항공기 Time Table

① 출발예정시간(ETD: Estimated Time of Departure)

② 실제출발시간(ATD: Actual Time of Departure)

③ 도착예정시간(ETA: Estimated Time of Arrival)

④ 실제도착시간(ATA: Actual Time of Arrival)

15) 크루즈 관광의 이해

(1) 크루즈 관광의 개념

크루즈는 관광자원이 수려한 지역을 돌며 운항하는 선박으로 선내에 객실, 식당, 레크리에이션 시설 등 여행객의 편의를 위한 서비스 시설을 제공한다. 크루즈 외래 관광객은 꾸준히 증가하고 있으며 크루즈로 기항할 수 있는 부두는 제주항, 부산항, 인천항이 있다. 크루즈 관광은 순수 관광 목적으로 최고 수준의 서비스를 제공하는 호화 관광이다.

(2) 크루즈 관광 산업의 발전 방안

상품의 다양성을 확보하고 경쟁력 있는 주제별 선상 프로그램을 개발하여 오락거리가 풍부한 여행 상품을 개발해야 한다. 또한, 계절적 수요에 맞게 탄력적으로 운영하고 간편한 입출항 절차를 마련하여 승객들에게 편리성을 제공하여야 한다.

▲ 부산항

▲ 제주항

▲ 인천항

16) 컨벤션 산업의 이해

(1) 컨벤션 산업의 개념

컨벤션 산업은 부가가치가 높은 복합 정보형 전시회나 대규모 국제회의를 유치하는 산업을 의미한다. 컨벤션 산업은 여행업, 호텔업, 항공업, 유통업, 식음료업 등 다양한 산업들과 연계성이 높기 때문에 여러 산업과 동반 발전을 가져올 수 있는 고부가가치 산업이다.

(2) 대한민국의 지역별 컨벤션 센터

① 서울특별시 강남구 COEX   ② 부산광역시 해운대구 BEXCO

(3) 2012 여수 세계 박람회

여수 세계 박람회는 살아 있는 바다, 숨쉬는 연안을 주제로 2012년 전남 여수에서 개최된 국제 박람회로 우리나라 2번째 세계 박람회이다. 박

람회 마스코트로 '여니'와 '수니'가 있다.

3장

관광자원 해설의 이해

여행 가이드는 민간 외교관이다.

1) 관광자원 해설의 이해

(1) 관광자원 해설의 개념

관광자원 해설은 여행객에게 단순히 방문지에 대한 정보를 많이 알려 주려는 것이 아니라 여행객에게 호기심을 자극함으로써 접하고 있는 문화재나 자연 경관 등 관광 환경에 대한 올바른 인식과 교육적 가치를 부여하여 즐거운 여행이 될 수 있도록 도와주는 모든 노력을 말한다. 관광자원 해설은 새로운 이해와 통찰력, 열정, 흥미를 불러일으키고 자원 보전에 기여할 수 있는 설명 기술이라고 할 수 있다.

(2) 관광자원 해설의 목적

관광자원 해설은 여행객이 방문하는 관광지에 대해 감상과 인식 능력을 갖출 수 있도록 관광자원에 대한 여행객의 이해를 도와 긍정적인 이미지를 만드는 것을 목적으로 한다. 또한, 여행객이 관광지에서 적절한 행동을 하게끔 교육이나 안내를 하고, 자연보호구역에서는 위험한 행동을 못 하도록 관광자원에 대한 인간의 영향을 최소화한다.

∨ 관광자원 해설과 관광 안내의 차이

관광 안내는 여행 관리에 중점을 두지만 관광자원 해설은 그 자체가 관광자원으로서의 가치를 지니며 자원의 의미와 가치 전달에 주력한다.

∨ 자원 해설 시 포함되어야 하는 요소

인사 및 자기소개 | 자신감과 태도 | 포인트 강조

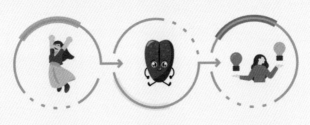

참여유도   유머감각   비교설명

∨ 관광자원 해설가의 자질

열정과 따뜻함 | 솔직함과 침착성 | 즐거운 표정과 태도

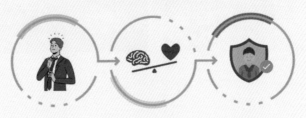

자신감   균형감각   신뢰성

2) 인적 해설의 유형

(1) 이동식 해설

이동식 해설은 넓은 지역을 돌아다니면서 특정 지역에 관하여 여행객에게 문화 해설 서비스를 제공하거나 박물관에서 이동하며 전시물에 관한 해설을 하는 것을 말한다.

(2) 정지식 해설

정지식 해설은 동굴이나 관광객 안내소, 박물관과 같이 여행객이 많은 곳에서 관광자원 해설가가 고정으로 배치되어 문화 해설 서비스를 제공하는 것을 말한다.

∨ 어느 사진이 정지식 해설일까요?

(   )   (   )

3) 인적 해설 기법

(1) 담화 해설 기법

담화 해설 기법은 말하는 기능을 이용하는 것으로 말을 하거나 몸짓을 통하여 여행객들을 이해시키고 반응을 유도한다. 담화 해설 기법은 관광자원 해설가의 감수성과
여행객들의 이해 정도가 높은 수준에 있을 때만 가능하다.

(2) 재현 해설 기법

재현 해설 기법은 관광자원을 살아 있는 스토리로 재현하여 여행객들에게 생생한 경험을 제공하는 기법이다. 이를 통해 여행객들은 역사나 문화의 중요성을 깊게 이해할
수 있다. 재현은 단순 담화보다 더 효과적일 수 있지만 재현이 잘못 이루어졌을 경우 여행객이 잘못 받아들이게 되어 자원을 왜곡시킬 수 있다.

(3) 동행 해설 기법

동행 해설 기법은 관광객들과 함께 움직이며 관광자원 해설을 하는 기법을 말한다. 관광객들의 질문을 받으면서 보조를 맞추어 이동하고 장시간 동안 설명하므로 신뢰가 생기
는 장점이 있으나 잘못되었을 경우 분위기가 산만해지고 외면받을 수 있다.

4) 자기 안내 해설의 이해

(1) 자기 안내 해설의 개념

자기 안내 해설(Self-guiding, 길잡이식 해설)은 여
행객이 해설자의 도움 없이 독자적으로 관람 대상을
따라가면서 제시된 안내문에 따라 내용을 이해하는
방식으로, 지적 욕구가 강한 사람이나 교육 수준이
높은 사람에게 효과적이다.

(2) 자기 안내 해설의 장점

자가 안내 해설은 인적 해설 기법에 비해 상대적으로 비용이 저렴하고
운영 및 유지 비용이 적다. 또한, 여행객 독해 속도의 완만성을 보장하며
여행객의 선호에 따라 독해 내용을 임의적으로 취사 선택할 수 있다.

(3) 자기 안내 해설의 단점

자기 안내 해설은 여행객의 정신적인 노력을 요구하고 쌍방 간의 질의
응답 기회가 부족하다. 또한, 여행객의 정보 해독 능력에 따라 다른 학습
효과가 나타나고 의문감을 해소하고 여행객에게 지속적으로 흥미를 부
여하는 것이 곤란하다.

5) 매체 이용 해설의 이해

(1) 매체 이용 해설의 개념

매체 이용 해설(Gadgetry)은 여러 가지 장치들을 이용하여 해설하는 것으로 여행객들에게 여러 가지 상황을 경험하게 할 수 있기 때문에 재현에 특히 효과적인 해설 유형이다.

(2) 매체 이용 해설의 종류

① 모형 기법

모형 기법은 형태를 모방한 기법으로 축소, 실물, 확대 모형이 있다.

② 인쇄물

인쇄물에는 팸플릿과 리플렛 및 안내 해설서가 있다.

③ 실물 기법

실물 기법은 사실을 그대로 재현한 사실 재현과 유명인을 재현한 인물 재현, 가치 있는 기술을 재현한 기술 재현이 있다.

④ 시청각 기법

시청각 기법은 장소나 인물 들을 녹화한 비디오 시설, 필요한 해설을 누르면 그 부분을 볼 수 있는 터치 스크린, 유명 장소에 얽힌 전설, 인물을 그려 낸 영화가 있다.

⑤ 멀티 미디어 재현 기법

멀티 미디어 재현 기법은 인물이 등장하여 과거의 체험이나 영웅담을 재현한 디오라마와 인물 대신 만화로 과거의 체험이나 영웅담을 재현한 애니메이션이 있다.

⑥ 시뮬레이션 기법

시뮬레이션 기법은 가상 체험을 통해 직접적인 체험을 하는 기법으로, 예를 들면 서울의 전쟁 기념관에는 전쟁 가상 체험실이 마련되어 있어 가상의 전쟁 체험을 할 수 있다.

▲ 모형 기법   ▲ 인쇄물

▲ 디오라마   ▲ 애니메이션

4장

관광자원의 이해

1) 관광자원의 이해

관광자원은 인간의 관광욕구를 충족시킬  수 있는 가치를 지닌 자연적, 문화적, 사회적 자원 등 모든 자원을 말한다. 관광자원은 시대나 사회 구조에 따라 가치가 달라지는데 여행객들에 의해 지속적으로 소비될 때 그 가치를 평가받을 수 있다. 관광자원으로서의 가치를 갖기 위해서는 대부분 개발이 필요하지만 여행객의 무분별한 남용으로 훼손되면 관광자원으로서의 가치가 감소될 위험이 있어 보호해야 한다.

관광자원의 특성

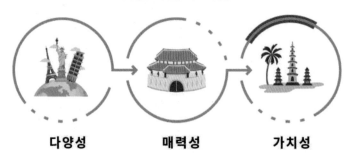

다양성　　　　　매력성　　　　　가치성

2) 자연 공원의 이해

자연 공원은 뛰어난 자연 풍경지를 국민의 보건, 휴양 등 웰빙 효과를 얻기 위해 지정된 공원으로 국립공원, 도립공원, 군립공원 및 지질공원이 있다.

∨ 도시 공원

도시 공원은 도시 계획에 의해 형성된 다양한 형태의 공원으로 도시민의 생활 여가 및 레크리에이션 대상의 공간이며 자연 풍경지를 배경으로 한 도시민의 야외활동 장소이다.

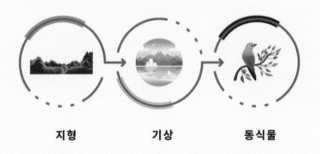

자연관광자원 요소

지형   기상   동식물

(1) 국립공원의 이해

국립공원은 우리나라를 대표하는 자연 생태계와 문화 경관을 보전하고 지속 가능한 이용을 위해 국가가 직접 관리하는 보호지역으로 현재 23개소의 국립공원이 있다.

① 지리산 - 최초의 국립공원

② 다도해해상 국립공원 - 국내 최대 면적

⑵ 도립공원의 이해

도립공원은 도 단위의 자연 생태계나 경관을 대표할 만한 지역으로 지정된 공원이다.

① 경기도 수리산(군포, 안산, 안양)

② 경상북도 금오산(구미, 칠곡, 김천)

(4) 군립공원의 이해

군립공원은 군의 자연 생태계나 경관을 대표할 만한 지역으로 지정된 공원으로 경승지, 동굴, 산악, 하천과 같은 자연적 환경과 유적지 등 문화적 환경이 발달한 곳이다.

① 경상남도 거제시 구천계곡

② 경상남도 고성군 상족암

⑸ 국가 지질공원의 이해

　국가 지질공원은 지구 과학적으로 중요하고 경관이 우수한 지역으로서 환경을 보전하고 교육과 관광 사업에 활용하기 위해 인증된 공원이다.

① 경상북도 청송군 일대

② 광주광역시, 전라남도 무등산권역

3) 코리아 둘레길의 이해

코리아 둘레길은 동해, 남해, 서해, 비무장지대 지역 등 우리나라 외곽 전체를 코스로 하여 사람과 자연, 문화가 만나는 걷기 여행길로 아름다운 자원을 배우고 체험할 수 있는 걷기 중심의 이야기를 담고 귀중한 역사 문화자원을 보유한 우리 길을 말한다.

① 동해안의 해파랑길

② 서해안의 서해랑길

③ 남해안의 남파랑길

④ 비무장지대(DMZ)의 평화누리길

4) 동굴 관광자원의 이해

(1) 우리나라 동굴의 특징

우리나라의 동굴은 고도가 낮은 산간이나 하천 주변에 발달하여 여행객의 접근성이 좋다. 또한, 동굴과 다른 관광자원이 가까이 위치하는 경우가 많이 광역적인 관광 권역을 형성할 수 있어 동굴 관광자원의 가치성이 매우 크다.

(2) 동굴 유형

① 석회동굴

석회동굴은 석회암 지층이 있는 곳에 생기는 동굴로 종유석, 석순, 석주가 발달했다.

② 용암(화산)동굴

용암동굴은 화산 발생 지역에서 볼 수 있는 동굴로, 제주도 대부분의 동굴에 해당한다.

③ 해식동굴

해식동굴은 해안절벽의 하단 측에 파도의 침식작용으로 형성된 동굴이다.

⑶ 대한민국의 천연기념물 동굴

① 충청북도 단양 고수동굴

② 강원도 영월 고씨굴

5) 호수 관광자원의 이해

(1) 호수의 이해

호수는 지형학적으로 육지에 둘러싸인 지역에 있으며 바다와 직접 연결되어 있지 않다. 호수는 크게 석호, 칼데라호, 화구호 등 자연호와 댐형, 화구언형 등 인공호가 있다.

(2) 대한민국의 주요 호수 관광자원

① 석호 - 강원도 고성군 화진포호

② 칼데라호 - 백두산 천지

③ 화구호 - 제주도 한라산 백록담

④ 인공호 - 전라북도 군산시 새만금호

6) 안보 관광자원의 이해

(1) 안보 관광자원의 개념

안보 관광자원은 국가 안보의 가치를 일깨우기 위한 관광으로 우리나라의 경우 남북 분단과 관련된 군사 시설과 접경 지대를 둘러보는 관광이 있다.

(2) 대한민국의 안보 관광자원

① 경기도 파주 비무장지대(DMZ)

∨ 비무장지대란

비무장지대는 1953년 휴전 협정에 따라 군사 분계선을 기준으로 남북 양쪽 2km씩 설정되었다. 보호종, 위기종 등 서식 동식물의 생태학적 보존 가치가 매우 높다.

② 경기도 파주 임진각

③ 경기도 파주 판문점(널문리) - 공동경비구역

④ 경기도 파주 도라전망대 - 서부전선 최북단

7) 공업 관광자원의 이해

(1) 공업 관광자원의 개념

공업 관광자원은 공장 시설이나 생산 공장을 견학하여 공업 관광자원 판매 주체의 부가가치를 높이는 자원을 말한다. 비교적 공업 수준이 발달된 선진국에서 많이 활용되며 대규모 사회간접자본 시설을 견학하는 관광도 있다.

∨ 사회간접자본이란

사회간접자본은 생산 활동과 소비 활동을 지원하는 자본으로 무상이나 낮은 가격으로 이용할 수 있어 일상 생산과 소비 활동의 기초가 된다.

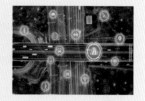

(2) 공업 관광자원의 유형

① 자유무역지역

자유무역지역은 수출 증대와 기술 향상을 위해 제품 전량을 수출할 목적으로 면세 등의 혜택을 주는 지역이다. 물품과 서비스의 국제 거래가 용이하다.

▲ 마산자유무역지역

② 수출산업공업단지

수출산업공업단지는 제품을 생산하고 국제시장으로 수출하기 위한 공장시설이 집중적으로 위치한 지역으로 정부기관과 산업공단이 함께 관리하여 보세 구역의 혜택이 있다.

▲ 구미수출산업공업단지

③ 중화학공업단지

중화학공업단지는 중화학제품의 집중 개발을 목표로 바다에 가까운 지역에 입지하고 있는 공업단지로 중화학 제품 생산, 가공, 연구 및 개발 활동이 이루어지는데, 중화학 산업을 집중적으로 발전시키기 위해 설립되었다.

▲ 포항종합제철공장

8) 상업 관광자원의 이해

(1) 상업 관광자원의 개념

상업 관광자원은 박람회 견학, 전시회 관람, 백화점 쇼핑을 관광 자원화한 것이다. 지방 특유의 시장 풍물이 관광의 대상이며 지역 주민의 생활 모습을 구경하고 상품 구매까지 이어지므로 지역 경제 발전에 크게 기여할 수 있다.

① 서울 중구 남대문시장 - 전문종합시장

② 서울 강남구 가로수길 - 한국판 소호거리

③ 서울 종로구 인사동길 - 전통문화의 거리

④ 서울 종로구 동대문시장 - 패션 최첨단 기지

9) 문화 관광자원의 이해

문화 관광자원은 민족 문화의 유산으로서 보전 가치가 있고 관광 매력을 지닌 자원을 말하는데, 크게 문화재 자원과 박물관이 있다. 문화재는 인위적이거나 자연적으로 형성된 민족적 유산으로서 학술적 가치가 큰 유형 문화재, 무형 문화재, 기념물, 민속 문화재가 있다. 유형 문화재는 회화, 조각, 공예품 등 유형의 문화적 소산이다. 무형 문화재는 한의약 등 전통 지식이나 민간 신앙, 전통 놀이 등 세대에 걸쳐 전승되어 온 무형의 문화적 유산을 말한다. 기념물은 사적지나 동식물, 지형, 광물, 동굴 등 경관이 뛰어난 것이다. 민속 문화재는 의식주, 행사 등 풍속이나 의복, 기구, 가옥 등 국민 생활의 변화를 이해하는 데 반드시 필요한 것이다.

박물관은 미술품이나 역사적 유물을 보존하고 전시하여 학술적 연구와 사회 교육에 기여할 목적으로 건립된 것으로, 문화재의 보고이다.

▲ 경기도 박물관

10) 위락 관광자원의 이해

(1) 위락 관광자원의 개념

위락은 일을 떠나서 놀이나 휴식을 취하여 몸과 마음, 정신을 회복하는 것을 말한다. 위락 관광자원의 유형으로는 워터파크, 스키장, 마리나가 있다.

(2) 워터파크

워터파크는 단순히 물놀이만 즐기는 것이 아니라 물을 매개로 한 놀이 시설과 휴식 공간이 함께 갖추어진 물놀이 공간으로 더위를 피하고 물놀이를 즐기기 위한 장소이다.

▲ 워터파크 시설

(3) 스키장

스키장은 스키 활동을 즐기기 위한 슬로프를 갖춘 곳으로, 주로 겨울에 눈이 내리는 지역에 위치한다. 스노보드와 같은 겨울 스포츠를 즐길 수 있는 시설과 리프트가 있다.

▲ 스키 시설

(4) 마리나

마리나(Marina)는 요트를 위한 중계항으로 시설관리 체계를 갖춘 곳을 말하며 요트 활동을 매체로 각종 서비스를 제공하는 동적인 레크리에이션 항구이다.

▲ 마리나 시설

11) 관광 특구의 이해

(1) 관광 특구의 개념

관광 특구는 외래 관광객의 유치를 위해 관광 활동과 관련된 법령의 적용이 배제되거나 완화되고 관광 활동과 관련된 서비스, 안내 체계 및 홍보 등 관광 여건을 집중적으로 조성할 필요가 있는 지역으로 지정된 곳을 말한다.

(2) 문화체육관광부 34개 관광 특구 지정

① 서울 명동

② 부산 해운대

③ 제주도

④ 강원도 대관령

12) 국가 지정 문화재의 이해

국가 지정 문화재의 개념

국가 지정 문화재는 문화재 보호법에 의하여 문화재 위원회의 심의를 거쳐 지정된 중요 문화재를 말한다. 국가 지정 문화재는 보물, 국보, 사적, 명승, 천연기념물, 국가 무형 문화재, 국가 민속 문화재 등 7가지 유형으로 구분된다.

① 보물 - 서울 흥인지문(동대문)

② 국보 - 서울 북한산 신라 진흥왕 순수비

③ 사적지 - 경기도 수원 화성

④ 명승지 - 인천 옹진 백령도 두무진

⑤ 천연기념물 - 제주 토끼섬 문주란 자생지

⑥ 국가 무형 문화재 - 강강술래

⑦ 국가 민속 문화재 - 덕온공주 당의

13) 도시 관광의 이해

 도시 관광은 도시의 편의 시설 및 이미지를 관광 대상으로 하는 도내 관광 현상을 말한다.

도시관광 구성요소

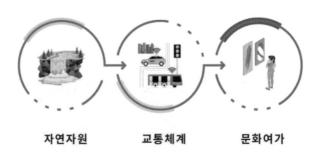

자연자원   교통체계   문화여가

서울의 도시 관광

① 서울 시티 투어

② 청계 광장

③ 5대 궁궐 경복궁

14) 도시 공원의 이해

　도시 공원은 환경을 보호하면서 도시민의 건강, 교육, 공공 복리를 증진하는 녹지 공간으로 도시민이 용이하게 접근할 수 있는 구조물과 자연물로 구성된 장소이다.

서울 소재 도시 공원

① 서울 관악구 강감찬 낙성대 공원

② 서울 백범 김구 효창 공원

③ 서울 강서구 허준 구암 공원

15) 향토 축제의 이해

향토 축제는 향토색이 뚜렷하고 지방의 풍토에 따라 자연적으로 생겨
난 축제로, 우리나라의 향토 축제는 지방의 개성적인 상징성을 보여 주
면서 우리나라 전통문화 창조에 크게 기여한다.

주요 향토 축제

① 울산광역시 남구 고래축제

② 강원도 횡성군 횡성한우축제

③ 경상북도 청송군 청송사과축제

④ 경기도 수원시 수원화성문화제

5장

관광 테마의 이해

E	Eco-friendly Tour	**친환경여행**	
C	Center on the Local	**로컬여행**	
O	Outdoor/Leisure Tour	**아웃도어/레저여행**	
U	Uplift the Feeling	**취미여행**	
S	Stay Tour	**체류형여행**	

1) 로컬 관광의 이해

로컬 관광은 지역 주민과 교류하고 지역의 역사를 알아가며 지역 콘텐츠를 소비하면서 그 지역만의 특색을 이해하는 관광이다.

로컬관광 관심 테마

특산품   생태환경   전통문화   살아보기   특색숙박

로컬 관광 트렌드 전망

MZ 세대는 자신의 관심사를 중시하기 때문에 여행에서도 자신의 취향을 반영하려고 한다. 또한, 대중적이지 않고 새로운 여행지에 대한 관심이 늘고 있다. 젊은 세대를 중심으로 일반적인 여행보다는 여행지에서 먹고 자고 취미를 즐기는 일상 경험을 희망한다.

∨ 로컬 관광 사례

1. 새로운 제주 마을 여행 브랜드, 카름 스테이

카름(KAREUM, 가름)은 순수 제주말로 작은 동네를
뜻하는데, 예로부터 동쪽과 서쪽을 부를 때 동카름,
서카름으로, 남쪽과 북쪽은 알가름, 웃가름이라고
불렀다. 카름 스테이는 제주도 곳곳의 작은 마을에
서 느긋하게 머물며 누릴 수 있는 곳으로, 비교적 잘

카름스테이

알려지지 않은 제주도의 작은 여러 마을과 자연, 문화, 먹거리 등 다양한 이야기를
담고 있다.

2. 세계가 주목한 이색 겨울축제, 얼음나라 화천산천어축제

강원도 화천에서 열리는 얼음나라 화천산천어축제
는 화천천이 얼어붙는 겨울에 얼음 낚시로 계곡의
여왕이라 불리는 산천어를 잡을 수 있다. 산천어 축
제의 최대 묘미는 직접 잡은 산천어를 맛볼 수 있다
는 점인데, 초대형 구이통을 이용해서 노릇노릇 맛

있게 산천어를 구워 먹을 수 있다. 이외에도 수상낚시, 산천어 맨손잡기와 아이들
이 좋아하는 얼음 미끄럼틀과 눈썰매, 얼음축구 등 다양한 체험할 수 있다.

2) 농촌 관광의 이해

농촌 관광은 농촌, 산촌, 어촌 지역에서 지역 주민들과의 활발한 교류를 통해 자연과 환경, 역사와 문화, 생업이나 생활을 경험하는 관광이다.

농촌관광 관심 테마

| 음식체험 | 둘레길걷기 | 경관감상 | 휴양/휴식 | 축제참가 |

농촌 관광 트렌드 전망

진정한 휴식을 즐길 수 있는 여행에 대한 수요가 증가하고 번잡한 도시를 벗어날 수 있는 방법으로 여행이 재조명되었다. 특히, M 세대에게는 할머니집과 같은 추억의 분위기와 Z 세대에게는 색다른 여행 경험으로 '촌캉스'가 유행하고 있으며 민박 등 이색적인 숙소를 선호한다.

∨ 농촌 관광 사례

1. 지역과 사람을 중심으로 한 팜 스테이
팜 스테이는 농장을 뜻하는 팜(farm)과 머문다는 뜻의 스테이(stay)의 합성어로 단순히 시골 농가를 찾아 민박을 하는 것이 아닌 농가에서 숙박을 하면서 영농 체험을 하는 등 농촌 문화를 즐길 수 있는 프로그램이다. 젊은 세대를 중심으로 워라밸(Work Life Balance, 일과 삶의 균형)의 가치가 중시되면서 힐링을 위한 시대적 요구가 늘고 있다. 팜스테이는 도시민에게는 휴식을, 농업인에게는 부가가치 창출을 이루며 발전하고 있다. 일찌감치 도시가 발달한 해외에서는 팜 스테이가 200년 이상의 역사를 가지고 있다. 가족 단위의 캠핑이 일상화된 팜스테이는 좋은 가족 여행 장소이며 농업에 대한 지식이 부족한 아이들에게는 농촌 체험의 길도 열린다는 점에서 교육적인 기능도 있다.

▲ 경주 불국사 한옥 팜스테이

▲ 강화 힐링 팜스테이

2. 하루 2번 바닷길이 열리는 마을, 남해 문항 어촌체험 마을

남해 문항 어촌 체험 마을은 대국산 아래 모여 있는 전형적인 반농, 반어촌 지역으로 장수촌으로도 유명하다. 바지락, 굴, 쏙, 우럭조개, 낙지 등 수산물이 풍부한 갯벌을 자랑하여 많은 여행객들이 방문하고 있다. 마을 앞 바다에는 아름 다운 두 개의 섬인 상장도와 하장도가 있는데 간조 시에는 육지와 두 개의 섬이 연결되는 모세현상이 나타난다. 이 모세현상이 일어나는 하루에 2번, 직접 걸어서 섬으로 들어갈 수 있다. 섬에서는 해안 산책과 아울러 해안가에 있는 고동, 게 등 수산 동식물을 채취할 수 있어 연인은 물론 가족들과 의미 있는 시간을 보낼 수 있다.

▲ 모세현상 체험

3) 친환경 관광의 이해

친환경 관광은 여행을 즐기면서 환경을 보호할 수 있는 방법을 실천하는 여행이다. 친환경 관광은 환경에 부담을 주는 활동을 최소화하여 자연 생태계와 문화를 존중하는 데 중점을 둔다.

친환경여행 관심 테마

| 쓰레기줄이기 | 분리배출 | 에코여행지 | 친환경숙소 | 저탄소교통 |

친환경 여행 트렌드 전망

기후 위기에 대한 우려로 인해 탄소 배출 등 환경 이슈에 대한 관심이 증가하고 '비건', '제로 웨이스트' 등 일상 속에서 환경을 보호하려는 노력이 확산되고 있다. 친환경 여행의 실천 방식으로 여행지 쓰레기 줄이기, 분리 배출과 도보 여행, 전기차와 자전거 여행이 있다.

∨ 제로 웨이스트란

제로 웨이스트는 일회용품 사용을 줄이고 재활용할 수 있는 소재로 대체함으로써 쓰레기 배출량을 줄이는 것을 목표로 한다. 에코백을 메고, 그 안에 텀블러, 손수건, 도시락을 담고 다니는 대학생들과 직장인들이 점점 늘어나고 있다. 몇 년 전만 해도

제로 웨이스트를 실천하는 사람들이 많지 않았지만 최근 환경에 대한 인식이 널리 확산되면서 오히려 새로운 소비 트렌드로 자리잡고 있다. 제로 웨이스트 생활을 실천하며 생활에 필요한 최소한의 것들로 살아가는 미니멀리즘(Minimalism)과 육류를 줄이고 채식을 늘려가는 비건(Vegan)을 지향하는 사람들도 점점 늘어나고 있다.

4) 체류형 관광의 이해

　체류형 관광은 여행객이 일정 기간 동안 특정 장소에 머물면서 현지 문화와 생활 환경을 체험하는 여행을 말한다. 여행객들은 체류형 여행을 통해 여행지에서 지역 주민들과 문화를 교류하며 지역 경제에도 큰 도움을 준다.

체류형관광 관심 테마

| 깊은여행 | 자기계발 | 특정주제 | 일상생활 | 취미/레저 |

체류형 관광 트렌드 전망

　환경과 기술의 변화로 일과 생활의 경계가 무너지고 근무 형태가 자유롭게 다양화되면서 여행지에서 장기 체류를 하며 근무하는 '워케이션'이 등장하였다.

∨ 워케이션이란

워케이션(Workcation)은 일하다(Work)와 휴가(Vacation)의 합성어로 휴양지에서 일하면서 휴식을 취하는 하이브리드 근무를 말한다.

5) 아웃도어/레저여행의 이해

아웃도어/레저여행은 주로 자연 환경에서 활동하거나 여가 시간을 보내며 스트레스를 해소하고 즐거운 시간을 보내는 여행을 말한다. 야외 활동을 즐기거나 자연의 아름다움을 탐험하고 싶은 사람들을 위해 휴식, 스릴, 모험 등 다양한 활동을 제공한다.

아웃도어/레저여행 관심 테마

| 걷기 | 등산/트레킹 | 낚시 | 자전거/사이클 | 골프 |

아웃도어/레저여행 트렌드 전망

등산, 트레킹, 골프 등 야외 활동에 대한 관심이 늘어나고 엔데믹 이후에도 일상 회복에 대한 기대감으로 야외 활동 수요가 지속해서 증가하고 있다. 아웃도어/레저여행을 희망하는 젊은 세대이 많으며 주로 '걷기'와 '등산/트레킹' 목적의 여행을 좋아한다.

6) 취미 여행의 이해

취미 여행은 여행의 목적이 주로 개인의 취미나 관심사와 관련된 활동을 즐기는 여행을 말한다. 취미 여행은 일상 생활에서의 취미나 관심사를 더 깊이 탐구하여 즐길 수 있고 다양한 경험을 쌓을 수 있도록 도와준다.

취미여행 관심 테마

이벤트방문　　애호인만남　　해설투어　　강연/강습　　자격증취득

취미 여행 트렌드 전망

2023 소비 트렌드 보고서에 따르면 착한 소비, 윤리 소비, 미닝 아웃(Meaning out) 등 자신의 가치와 신념을 드러내는 소비 활동이 증가하고 있다. 나만의 즐거움을 위한 여가 활동과 경험의 가치를 중시하며 취미와 체험 활동을 깊게 파고드는 디깅(Digging) 문화가 확산되고 있다.

6장

에코 투어리즘 사례 연구

1) 먼저 생각해 봅시다

아래의 그림을 보고 떠오르는 생각을 적어 주세요.

1.

2.

물부족 국가에 사는 아이들은 물을 가져오기 위해 매일 수 킬로미터를 이동하여 물을 가져옵니다. 아이들은 이렇게 몇 시간 동안 물통을 머리에 이고 옮기기 때문에 목에 심각한 무리를 주기도 합니다.

아이들의 환경을 바꾸어 줄 순 없을까요?

아프리카 아이들을 돕는 하마 물통 프로젝트

하마 물통은 많은 물을 한 번에 운반할 수 있는 원통 모양의 용기입니다. 이 물통에서 물은 굴러가는 바퀴 안에 담아지므로 평지에서 총 10kg의 무게밖에 나가지 않아 이 하마 물통을 이용하면 더 많은 양의 물을 쉽게 길러올 수 있습니다. 아이들은 더 이상 무거운 물을 머리 위로 들 필요 없이 한 번에 많은 물을 운반할 수 있게 되었습니다.

2) 에코 투어리즘 해외 사례

(1) 일말의 훼손도 남기지 마라! 호주의 그레이트 배리어리프

유네스코 세계자연유산인 그레이트 배리어리프(Great Barrier Reef)는 호주의 해안을 따라 발달한 세계 최대 규모의 산호초 지대로 고래상어, 바다거북, 듀공 등 희귀종과 멸종 위기종을 비롯하여 산호, 어류, 연체 동물이 군락을 이루고 있다. 그레이트 배리어리프에는 관광 업체와 학교가 네트워크 조직을 만들어서 산호초를 관리하고 있는데 호주 정부에 따르면 많은 사람들이 산호초 지대를 방문하고 있지만 별다른 훼손 없이 생태가 잘 유지되고 있다는 평가를 받고 있다.

∨ 호주의 에코 투어리즘

호주는 영화 〈세상의 중심에서 사랑을 외치다〉의 배경이 된 울룰루 바위가 있는 카타추타 국립공원과 호주의 상징인 코알라를 보호하는 코알라 보호구역, 피너클스 사막으로 유명한 남붕 국립공원 등 다양한 자연 관광지를 체험할 수 있고 에코 투어리즘으로 유명하다. 호주 정부는 1994년 국가 차원에서 에코 투어리즘 전략을 수립하였는데, 대표적으로 에코 투어리즘 기반 시설 구축과 산림 생태관광 프로그램이 있다.

(2) 자연에 순응한 생태관광 도시의 기적, 멕시코의 유카탄 반도

세계 최고의 플라밍고 번식지인
멕시코 유카탄 반도는 플라밍고를
보호하며 숲을 살리기 위해 매년
수많은 여행객이 이곳을 찾고 있
다. 플라밍고는 한때 멸종 위기에

처했지만 파괴 대신 보존을 택한 주민들의 책임 의식이 큰 몫을 했다. 과
거 악어 사냥꾼이었던 주민들은 이제 총 대신 망원경을 들고 환경 지킴
이로 활약한다.

(3) 생태관광의 천국! 느리고 건강한 여행, 스위스 베른 모빌리티

세계 최고의 관광 도시인 스위스
베른의 모빌리티는 기차와 같은 동
력이 아닌 오로지 하이킹, 사이클
링 등 인간의 힘으로 여행을 즐긴
다. 스위스 정부는 자전거를 중심

으로 루트를 따라 전국적으로 표준화된 표지판을 세웠고 스위스 전역을
아우르는 친환경 기차 여행 종착지에는 휘발유 차량의 출입을 철저하게
막는다. 이외에도 스위스는 지구 온난화로 인해 빙하가 녹는 길을 따라
트레킹하며 환경 파괴에 대한 경각심을 깨닫는 '빙하 교육 길' 프로그램
과 세계에서 가장 큰 태양열 유람선이 대표적이다.

(4) 라오스 루앙남타의 남하 트레킹

라오스는 환경 보전을 위해 보호
구역으로 지정해 놓은 곳이 많은데,
대표적인 곳이 라오스의 북부 도시
인 루앙남타에 있는 남하(Nam Ha)
국립공원이다. 트레킹하며 자연을
있는 그대로 즐기는 프로그램이 남하 트레킹이다. 남하 트레킹은 전 세
계에서 에코 트레킹이 가장 잘 지켜지는 곳으로 유명한데 국립 공원 내
의 전통 마을들이 관광 사업에 오염되는 것을 막고 자연 환경을 보전하
기 위해 하루에 들어갈 수 있는 여행객 수를 제한하고 있다.

(5) 말레이시아의 타만 네가라

말레이시아의 타만 네가라(Taman
Negara)는 '국립공원'이라는 뜻으
로 세계에서 가장 오래된 열대우림
이며 말레이시아에서는 가장 오래
된 보호 구역이다. 타만 네가라는
오래전부터 '정글 트레킹'으로 주목받았는데 하늘 높이 솟은 빽빽한 밀
림 사이를 걷는 트레킹과 박쥐가 서식하는 동굴 탐험, 밤이 되면 환상적
인 느낌을 보여 주는 반딧불 구경과 역동적인 리프팅 체험까지 정글에
서 지속 가능한 여행을 실천할 수 있어 전 세계 여행객들의 방문이 끊이
지 않고 있다.

3) 에코 투어리즘 국내 사례

"한국은 기후변화 협약국으로, 2030년 예상 탄소 배출량보다 온실가스를 37% 감축해야 한다."

(1) 탄소 없는 섬, 친환경 여행지 제주도 가파도

제주도 남쪽의 작은 섬, 가파도에는 섬을 덮은 푸른 청보리 밭과 그 위로 풍차처럼 돌아가는 두 대의 풍력 발전기가 있다. 이 풍력 발전기는 가파도에 거주하는 제주도민들에게 친환경 전기를 제공한다. 또한, 가파도 주민들은 서로 전기차를 공유하는데 전기차는 탄소를 배출하지 않아 섬의 깨끗한 환경을 만든다.

(2) 전라남도 관매도 명품마을

전라남도 진도에 위치한 관매도의 명품마을은 2010년 국립공원 구역을 조정할 때, 지역 주민들의 건의로 다도해 해상국립공원 구역에 남게 된 마을이다. 이후 국립공원 마을에 대한 환경 개선과 소득 증대를 위해 명품 마을 조성을 추진했는데, 관매도가 그 첫 번째 대상이 되었다. 국내 최대 규모인 관매도 해송 숲과 방아섬 남근 바위를 비롯하여 관매 8경 등 뛰어난 자연 환경을 가진 관매도 명품마을은 지역 주민들이 에코 투어리즘을 위해 노력하고 있다.

4) 에코 투어리즘 체험 프로그램의 개발

여행객이 에코 투어리즘을 통해 자연과 문
화에 대한 가치를 이해할 수 있도록 전문화
된 프로그램을 개발해야 한다. 에코 투어리
즘에 있어서 가장 큰 핵심은 콘텐츠의 차별
성과 독창성을 확보하는 것이다. 이를 위해
지역 고유의 전통 지식을 발굴하고 기존의 문화, 역사, 환경을 연계해야
한다. 또한, 여행객이 흥미를 가질 수 있도록 스토리 텔링을 통해 프로그
램의 가치를 높이고 체험 후 만족도 조사를 통해 여행객의 불만과 요구
를 지속적으로 충족해 나가야 한다.

∨ 스토리 텔링이란

스토리 텔링은 직접 경험하거나 전해 들은 이야
기, 지어낸 이야기를 다른 사람에게 들려주면서
서로의 상상력과 감성을 주고받는 소통 방식이
다. 이야기하는 사람이나 듣는 사람에 따라 스토
리 텔링은 다양하게 바뀔 수 있으며 어떤 상황인
가에 따라 스토리 텔링의 방식이 달라지기도 한다.

5) 가치소비의 이해

가치소비는 자신이 지향하는 가치를 기반으로 제품을 구매하는 방식을 의미하는데 가치소비자(그린슈머)는 자신의 신념에 맞는 제품을 구매하는 사람들을 말한다. 가치소비를 추구하는 사람들은 단지 상품의 품질을 따질 뿐만 아니라 자신의 구매가 사회에 좋은 영향을 미칠 수 있  는가를 고민한다. 예를 들면, 비건 제품을 구매하거나 유기견에게 수익이 기부되는 제품을 사는 등의 사례들이 모두 가치소비라고 할 수 있다. 특히 새로운 소비 주체로 떠오른 MZ 세대의 경우 가치소비 경향이 더욱 뚜렷하다.

연구조사에 따르면, 가치소비 인식에 대해 '물건 하나를 사더라도 개념 있는 소비를 하려는 사람들이 많아진 것 같다'고 대답한 응답자가 약 80%를 차지했다. 이제는 자신의 기준에 따라 소비하고 좋은 의미를 갖는다고 생각하면 비싸더라도 감수하는 사람들이 생겨났다. 이처럼 가격 부담보다 자신의 가치를 더 중요시 여기는 가치소비 트렌드는 개인이 추구하는 가치는 물론 그에 부합하는 브랜드와 제품이 있을 때 지속 가능하다.

∨ 가치소비 대표 브랜드,
녹색별 지구를 수호하는 친환경 아웃도어, 파타고니아

"우리의 터전, 지구를 되살리기 위해 사업을 합니다."는 친환경 아웃도어 브랜드로 알려진 파타고니아의 사명이다. 1973년, 미국 캘리포니아에서 이본 쉬나드에 의해 탄생한 파타고니아는 제3세계 근로자들의 생활 임금과 복지를 보장하는 공정 무역을 지향하고 환경 오염 피해를 유발하지 않는 친환경 및 재활용 소재를 사용한다. 파타고니아는 지구 환경을 개선하는 '착한 브랜드'의 대표 주자로서 공인된 사회적 기업(Certified B-Corporation)이라는 타이틀에 맞게 환경 위기에 대한 대중의 공감대를 형성하고 해결 방안을 실행하기 위해 사업을 적극적으로 활용한다.

파타고니아의 대표적인 노력은 매년 매출의 1%를 환경 보존과 복구를 위해 사용하는 지구세(Earth Tax)로 사용하는 것으로 이로 인해 구매자들은 파타고니아의 제품을 입는 것만으로도 지구 환경 보호에 기여하게  된다. 또한, 원 웨어(Worn Wear, 이미 입은 옷) 캠페인을 통해 헌 옷을 수선해주고 테이크-백(Take-Back)을 통해 수명이 다 된 티셔츠를 모아 재활용하기도 했다.

"재킷이든 어떤 것이든 사기 전에 깊게 생각하고 적게 소비하기를 바란다."

'Don't buy this jacket.(이 재킷을 사지 마라)'은 2011년 파타고니아가 《뉴욕타임스》에 게시한 광고이다. 이 광고에 사용된 재킷 한 벌을 생산하기 위해 물 135리터가 소비되는데 이는 45명이 하루 3컵씩 마실 수 있는 양이다. 게다가, 원산지에서 창고까지 배송되는 과

정에서는 이산화탄소가 배출된다. 이처럼 이 재킷은 비록 친환경 제품이지만 많은 자원을 소모하고 있다. 이제는 제품을 사용할 수 있어도 새로운 상품으로 교체하는 시대는 저물고 하나의 상품이더라도 오랫동안 소중하게 사용하는 가치관이 자리 잡고 있다. 이러한 소비자의 가치관은 최근 관심이 높아지고 있는 환경에 대한 의식과 더불어 크게 공감을 얻고 있다.

이처럼 파타고니아의 지구 환경을 위한 한결같은 행보는 그린슈머 양산에도 크게 기여하였다.

∨ 비콥 인증의 이해

1. 비콥 인증의 등장 배경

비콥 인증(B Corporation Certification)은 기업의 사회성과 공익성을 측정할 수 있는 국제적인 인증 도구이다. 눈에 보이지 않는 기업의 사회적 가치와 공익성을 측정하기 위해 국제 사회는 많은 시도를 했지만 측정 도구들의 통일된 기준이 없어 기업의 사회적 가치 측정은 측정 도구에 따라 결과가 달랐다. 이러한 문제 때문에 국제 사회  는 객관적인 기준의 측정 도구를 원했고, 100개가 넘는 평가 항목에서 80점 이상의 점수를 받아야만 취득할 수 있는 '비콥 인증'은 많은 국제 사회의 인정을 받으며 현재는 기업의 사회적 가치를 측정하는 보편적인 기준으로 사용되고 있다.

2. 비콥 인증의 의의

현재 전 세계적으로 많은 기업들이 비콥 인증에 성공했고 대표적인 인증 기업으로는 미국의 파타고니아가 있다. 비콥 인증은 사회적 기업 인증처럼 특정한 혜택을 제공하는 것은 아니지만 기업의 사회성과 공익성 검증을 받은 건강한 기업이라는 사회의 인식과 세계적으로 비슷한 가치를 공유하는 기업들 간의 네트워크 구축에 의미가 있다.

7장

세대별 관광 트렌드

1) 세대별 맞춤형 여행의 필요성

(1) 에코 투어리즘의 목표 시장

에코 투어리즘을 성공적으로 운영하기 위해서는 에코 투어리즘에 대한 깊은 지식이 없는 다양한 세대들을 대상으로 한 목표 시장별 맞춤형 여행 프로그램이 필요하다. 또한, 적극적인 홍보를 통해 여행객들에게 에코 투어리즘을 자연 환경의 보전과 지역 경제 발전을 위한 고품격 관광으로 인식시키고 많은 사람들에게 에코 투어리즘의 가치를 공유할 수 있도록 하여야 한다.

(2) 생태관광지역 여행객 유형

주중에는 학생 단체가 생태 체험을 목적으로 방문하고, 주말에는 가족 단위 중심으로 자녀 교육과 휴식을 목적으로 방문하고 있다.

2) 환경과 사회에 도움을 주고 소박한 여행을 추구하는 시니어 세대

시니어 세대 관광의 이해

시니어 세대는 환경과 사회에 대한 기여를 중시하기 때문에 여행에서도 환경과 사회에 도움을 줄 수 있는 여행을 하려고 한다. 시니어 세대는 휴식 위주의 활동보다는 자연 풍경을 감상하고 음식 문화를 경험할 수 있는 체험 위

주의 여행을 좋아한다. 또한, 가성비가 좋고 소박한 여행을 추구하며 장기 여행보다는 짧고 자주 여행하는 것을 선호한다. 시니어 세대는 여행 비용이 증가해도 친환경 여행을 꺼리는 경우가 적고 전문 해설 가이드 투어 등 교육적인 상품을 많이 애용한다.

시니어 세대

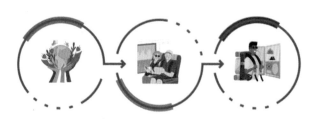

환경 사회 기여   소박한 여행   교육/패키지 상품

3) 취미를 적극적으로 즐기는 활동적인 베이비 부머 세대

베이비 부머 세대 관광의 이해

베이비 부머 세대는 일상에서의 성취가 갖는 의미를 중시하고 사소한 성취도 자신의 삶에 큰 의미가 된다는 가치관을 가지고 있다. 자신을 위한 시간 투자에 적극적인 세대로 돈을 조금 덜 벌어도 나만을 위한 시간을 갖는 것이 중요하다고 생각한다. 베이비 부머 세대는 건강을 위해 휴식과 스포츠 관람이나 다양한 여가 활동을 즐기는데 주로 가족과 함께 여가 활동을 보내며 산책과 걷기, 레저 등 다양하고 활동적인 취미를 좋아한다. 베이비 부머 세대는 나들이성 여행을 선호하며 취미 활동과 여행에 대한 관심이 높아 취미 여행을 가장 많이 희망한다.

베이비 부머 세대

일상성취/자기시간   나들이성 여행   적극적 취미여행

4) 안정적이고
   편안한 여행을 추구하는 X 세대

X 세대 관광의 이해

　X 세대는 자신의 행복 추구를 중시하고 몸과 정신을 건강하게 관리하기 위해 많은 시간과 비용을 투자한다. 또한, 영화 관람과 음악 감상과 같이 문화 예술 분야의 영상 콘텐츠를 즐긴다. X 세대는 국내여행 횟수가 적은 편으로, 계획적인 여행을 선호하고 숙소로는 대형 호텔과 리조트 등 안정적이고 편안한 여행을 추구한다. X 세대는 로컬 관광 시 지역 특산품과 생태 환경 등 지역의 고유성을 체험할 수 있는 여행과 여유롭게 지역을 경험할 수 있는 살아 보기 여행을 좋아한다. 여행 지역으로는 제주도와 전라남도와 같이 생활 문화를 경험할 수 있는 지역을 희망한다.

X 세대

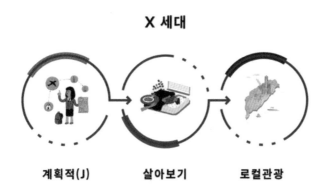

계획적(J)　　　살아보기　　　로컬관광

5) 교양과 자기 계발을 추구하는 올드 밀레니얼 세대

올드 밀레니얼 세대 관광의 이해

올드 밀레니얼 세대는 커리어를 쌓고 자기 계발과 같이 성취와 자신을 위한 시간을 중시하지만 나를 위한 투자에는 소극적이다. 올드 밀레니얼 세대는 여행할 때 장소 자체의 매력보다는 볼거리와 즐길거리를 중시한다. 올드 밀레니얼 세대는 취미 여행을 할 때 자  격증 취득이나 교육 수강 등 자기 계발을 할 수 있는 여행, 로컬 관광에서는 공연이나 공예품 제작 등 지역 예술과 문화 체험을 좋아한다. 또한, 비일상적이고 수업이 필요한 스포츠 등 자기 계발과 취향을 반영한 여행에 관심이 많다.

올드 밀레니얼 세대

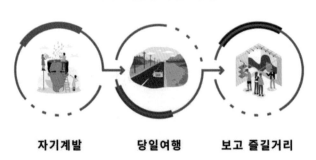

자기계발   당일여행   보고 즐길거리

6) 여행지를 깊게 경험하는 것을 선호하는 영 밀레니얼 세대

영 밀레니얼 세대 관광의 이해

영 밀레니얼 세대는 자신의 행복 추구에 적극적인데 경험을 위해서라면 비싸더라도 소비하려고 하며 자기 성장과 취미 배우기를 즐긴다. 경험 소비에 관심이 많아 국내여행 횟수가 가장 많은 세대이며 짧은 여행보다는 한번 가더라도 오래 여행하는 숙박 여행을 선호한다. 영 밀레니얼 세대는 특정 지역을 깊게 여행하는 심도 있는 여행과 체험 활동이 있는 곳에서 머무르는 여행, 현지인의 일상 생활과 공간을 즐기는 여행을 좋아한다.

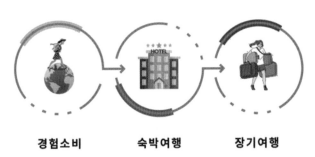

영 밀레니얼 세대

경험소비 　　　　 숙박여행 　　　　 장기여행

7) 보여 주고 싶을 만한 색다른 여행을 추구하는 Z 세대

Z 세대 관광의 이해

Z 세대는 자신을 위해 사는 것이 인생에서 가장 중요하다고 생각한다. 자신을 위한 시간과 비용 투자를 아끼지 않고 취향과 경험을 위한 소비에 긍정적이다. 취미 배우기와 자기 계발에 관심이 많고 여행할 때 비용보다는 만족스러운 여행과  한 번 가더라도 길게 가는 여행을 추구한다. Z 세대의 여행 정보통은 대부분 온라인으로, 특히 SNS와 동영상 사이트의 영향력이 크다. 다른 세대보다 여행을 기록하고 공유하는 비율이 높아 자신의 여행을 타인에게 보여 주고 싶어 한다. Z 세대는 여행할 때 휴식보다는 체험 위주의 여행과 많은 일정으로 구성된 여행을 좋아한다. 주목할 점은 색다른 경험으로 '농촌 관광'에 대한 관심이 높다.

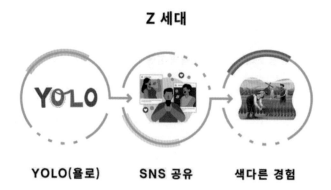

Z 세대

YOLO(욜로)　　　SNS 공유　　　색다른 경험

맺음말

에코 투어리즘 가이드가 되고자 하는 당신, 모두 빛을 발하자!

이 작은 가이드북이 큰 변화의 시작이 될 수 있음을 믿습니다. 우리는 여행과 자연을 사랑하는 사람들과 함께 미래를 만들고 있습니다. 우리의 목표는 이 아름다운 지구를 미래 세대에게도 물려줄 수 있도록 지키는 것입니다. 에코 투어리즘은 그 문을 열어 주는 열쇠입니다.

우리의 임무는 자연 관광지를 찾아가는 모든 여행객들에게 지속 가능한 여행의 중요성을 알려 주는 것입니다. 이 가이드북은 우리 이야기의 한 부분입니다. 그 이야기는 우리의 미래와 우리의 선택이 얼마나 중요한지 알려 줍니다. 지구는 우리의 책임 아래에 있습니다. 여러분들의 선택이 지구의 미래를 결정짓기에 이를 위한 준비를 해야 합니다.

이 가이드북은 단순히 여행 정보의 모음집이 아닙니다. 이 책은 여러분들의 비전과 열망의 표현이고 우리의 지구를 위한 선택이 얼마나 큰 변화를 가져올 수 있는지를 보여 주는 출발점입니다. 여러분들은 이 가이드북을 통해 미래에 희망과 변화를 심고 지구의 아름다움을 미래 세대에게 선사하는 영웅이 될 것입니다.

우리의 여행은 단순한 관광이 아닙니다. 우리의 여행은 마음과 정신을 다스리며 지구를 보호하고 지키는 여정입니다. 여러분들은 에코 투어리즘 가이드로서, 지구의 아름다움과 연약함을 새로운 눈으로 바라보고 다른 사람들에게 전달해야 합니다. 여러분들의 선택이 미래를 만들고 미래를 밝게 비춥니다. 감동을 주는 여행은 더 이상 상상이 아닙니다. 그것은 우리의 진정한 삶입니다.

　우리는 변화의 선두에 있습니다. 우리는 단지 관광지를 더 나은 곳으로 만드는 것이 아니라 지구를 더 나은 곳으로 만듭니다. 여행은 새로운 경험을 얻고 우리의 삶과 지구에 대한 생각을 바꿀 수 있는 기회입니다. 당신의 에코 투어리즘 여정이 변화의 시작이 되어 여행객들의 생각을 바꾸고 더 많은 사람들이 지구를 존중할 수 있도록 영감을 주길 바랍니다.

　에코 투어리즘 가이드가 된다는 것은 평범한 여행에서 벗어나 특별한 꿈을 꾸는 것입니다. 여러분들은 지속 가능한 여행의 선두주자로서 지구와 함께 숨쉬며 살아가는 멋진 길을 걷고 있습니다. 미래에는 더 많은 에코 투어리즘 가이드가 여행객들과 지구를 위해 손을 맞잡고 더 나은 미래를 만들기 위해 노력하게 될 것입니다.

　마지막으로 이 가이드북을 끝까지 읽어 주셔서 감사합니다. 여러분들이 세계를 바꾸어 나갈 수 있는 초석이 되길 기대합니다. 이 가이드북을 읽으면서 여러분들이 에코 투어리즘 가이드로서 자신의 역할에 대해 더 깊이 생각하고 행동한다면 목표에 한 걸음 더 가까워질 것입니다. 에코 투어리즘 가이드가 되어 주신 여러분들께 감사의 말씀을 전합니다. 함께 더 나은 미래를 만들어 나갑시다.

Without Wax,

양지은 드림

에코어스

© 양지은, 2023

초판 1쇄 발행 2023년 12월 24일

지은이   양지은
펴낸이   이기봉
편집   좋은땅 편집팀
펴낸곳   도서출판 좋은땅
주소   서울특별시 마포구 양화로12길 26 지월드빌딩 (서교동 395-7)
전화   02)374-8616~7
팩스   02)374-8614
이메일   gworldbook@naver.com
홈페이지   www.g-world.co.kr

ISBN   979-11-388-2570-2 (03980)